你不要急于过“标配”的人生

正经婶儿 著

江苏凤凰文艺出版社
JIANGSU PHOENIX LITERATURE AND ART PUBLISHING, LTD

图书在版编目（CIP）数据

你不要急于过“标配”的人生 / 正经婶儿著. 一南京：江苏凤凰文艺出版社，2017.9

ISBN 978-7-5594-0471-8

Ⅰ.①你… Ⅱ.①正… Ⅲ. ①散文集－中国－当代 Ⅳ. ①I267

中国版本图书馆CIP数据核字（2017）第114276号

书　　　名　你不要急于过“标配”的人生
作　　　者　正经婶儿
出 版 统 筹　黄小初　侯　开
选 题 策 划　李文峰　彼岸花
责 任 编 辑　姚　丽
文 字 编 辑　彼岸花
责 任 监 制　刘　巍　江伟明
出 版 发 行　江苏凤凰文艺出版社
出版社地址　南京市中央路165号，邮编：210009
出版社网址　http://www.jswenyi.com
印　　　刷　三河市南阳印刷有限公司
开　　　本　880毫米×1230毫米　1/32
字　　　数　100千字
印　　　张　8
版　　　次　2017年9月第1版，2017年9月第1次印刷
标 准 书 号　ISBN 978-7-5594-0471-8
定　　　价　36.00元

你不要急于过『标配』的人生

人生只有两种结果，

被锋利的生活磨平了棱角和用锋芒的自己打磨生活。

愿你我都晚一点走入平庸和别人安排的生活，

愿你我身披铠甲上阵，

然后自然光芒万丈。

生活的不公平之处就在于，你不能只拿玫瑰，不要荆棘，

但是你可以做到的就是，活出更好的自己，去面对这个世界。

真正高级的女人从不标榜自己过分独立。

怎样判断一个女人是不是真正独立？

就是撕下你身上的标签，再来谈独立。

站在高跟鞋上，

我才能看见真正的世界，

使脚不舒服的不是鞋子的高度，

而是欲望。

所谓的光辉岁月，

并不是以后，

而是你在最好的年纪里，

对于目标的坚持。

目录

CONTENTS

第一章

你不要急于过“标配”的人生

目录
CONTENTS

第二章
不要在最能吃苦的年纪，选择安逸

第三章
狭路相逢勇者胜，温柔留给意中人

第四章

如果事与愿违，
那定是上天另有安排

目录
CONTENTS

自序
你不要急于过“标配”的人生

1

2015年的时候，我和几个朋友合伙做一个有关儿童社区的创业项目。

我们在北京某中高档小区楼下租了一个不算小的门面，一楼卖服装，二楼做儿童教育。我们雇了两个员工，但是在8月份的时候，两个员工同时离职，所以我在店里是老板，是出纳，是店员，是保洁大姐，还是指挥顾客找停车位的保安。那天下午风和日丽，夏日炙热的空气让人昏昏欲睡，我们这个位于北京核心地段高档小区下面的小店面，空空荡荡，一个顾客也没有。

又是干吃饭不进粮的赔钱的一天。

我看着电脑脑袋空空如也，就在这个生意惨淡的一天，在没有顾客光临的下午，我决定为自己开个公众号。

然后我给自己起了个开玩笑似的名字，就叫“正经婶儿”。

我开始断断续续写文章，写我的童年，写今天见到的奇葩，等等。我想起来就写，有时候一篇文章能拖拖拉拉写好几天，有时候又觉得写东西挺烦的，看电视吃薯片不好吗？干吗还要码字为难自己？

2015年10月初的一天，在公众号“正经婶儿”写作一个多月之后，我去看了电影《夏洛特烦恼》的点映。当时《夏洛特烦恼》这个电影特别低调，没有什么宣传，也没有巨幅的海报，我看完之后感动得不得了，写下了一篇文章叫作《马冬梅，醒来觉得甚是爱你》，这篇文章一下子成为网络爆文，题目是从朱生豪先生那里获得的灵感，他是莎士比亚著作的翻译者，原话是：宋清如，醒来觉得甚是爱你。

我写这篇文章的时候，粉丝不到一千人，因为这篇文章，我开始有了自己的第一批关注者。

所以真的是巧了，就差那么一点点，我就决定放弃写作了，老天给我了一个暗示，意思是说：别放弃，这不挺好的吗？继续写吧。

2

很多人都说，自己的第一批粉丝就是他们的亲戚朋友，我没有，因为我的家人都是传统又质朴的知识分子，觉得网上写文章不够风雅。他们是严肃文学的粉丝，从来不看流行文学。

所以我写文章也没有转发给他们看，也不分享自己的文章，朋友圈也不转发。直到2016年7月份第一本书《女人不可以穷》出版，我才告诉家人。

那天我带着新书回家看我姥姥，她已经有那本书了，而且是我妈买给她的，她在饭桌旁看得特别认真。

如果我没记错的话，她那得白内障多年且拒绝做手术的病眼，多看一点字就很难受了。

我当时差点泪目。我从小跟着姥姥姥爷长大，《女人不可以穷》出版的时候，特意在书的最后留了个彩蛋。

我跟她讲："这本书还有个小惊喜你不知道吧，就是你翻到最后一页，你会看到你和姥爷的名字印在上面——写的是：谨以此书献给郑建白先生和王玉凤女士。怎么样，是不是赞赞的？"

她什么表情我很难形容。就像是，你看到所有的照片都是笑脸，拼接起来却是一双悲伤的瞳孔一样，关于亲情和岁月，所有的喜乐和苍凉都在里面。

我想那个眼神，我会毕生难忘。

3

写公众号十八个月，我连续写了五十万字，出版了《女人不可以穷》《做一个恰到好处的女子》两本简体书，还有

《爱情，不过就是理解复杂，选择简单》一本繁体书，加印九次，不到一年时间卖掉十万余册之后，我变成什么样了？

第一，我最感动的，莫过于遥远的相似性。

这句话不是我说的，是霍金说的，他说爱情里最让他感动的，不是你爱我，也不是我爱你，而是两个人相爱的那种化学反应，那种相似性让人感动不已。

我写《女人不可以穷》，我的读者不会跑上来指着你的鼻子说："女人不可以穷，我看男人才不可以穷呢！"他们会说："我是应该比现在更努力一点了。"单凭这一点，就很让人感动。

我写成长、困惑、惶恐、不安，常常愿意带点幽默。

有人看了第二本书《做一个恰到好处的女子》，然后我就接到了一条微博私信，她说："我是高中生，本来是特别迷茫的，看到你的文章，我感觉前面有光。"

她的留言很长，我现在也找不到了，但是我到现在还记得她的那番话带给我的感动。我觉得，我写文章是有意义的。

这个意义不是我挣了多少钱，也不是我有多少粉丝，而是我好像在做一件好事。就像是我姥姥经常跟我说的那样，不需要你成为一个厉害的人，你只需要做一个好人，就够了。

所以我在我的公众号上说，要坚持健身，吃干净的食物，对人友善，不乱撕逼，管理好你的脾气，做看起来让人舒服的女孩子，每天喝蜂蜜柠檬水抗氧化，每天看书“柔软”你的容貌，希望改变我的也改变你。

第二，我更加自律了。

写文章还有一个好处，就是强迫你处于紧张状态，不让你懈怠。虽然我不是每天都更新公众号，但是我每天最起码都会写两千字。

有时候是写公众号文章，有时候是写书，有时候是写论文，而且写作这件事情真的会上瘾，尤其是在取得一些成就感之后。

前段时间我在台湾宣传新书，朋友说：“你天天写字不烦喔，自从高中毕业之后，写一个字都让我痛苦！”我笑着说：“不会啊，我一天不写字就不舒服，写作对我来说是解压。”

第三，通过早起、勤奋、自律和努力获得成就感，这件事情在迷茫时给我信心，在低落时给我勇气。

以前我写文章不像现在这么快，也不够流畅。前文提到了，Word两页的篇幅我能写整整一天，而且属于写几百字就写不下去了，卡在那里，我就去淘宝、看视频或者去忙别的事情，再坐回电脑前，写几百字，又卡住了，反正很痛苦。

现在天天敲键盘，笔头越磨越顺，有时候没有电脑也没关系，我就用手机写，写在记事本里面，思路清楚的话三四十分钟就能搞定一篇文章。

我从一个原来怕写文章的人，到现在运用文字流畅自如的人，这就是信心的来源啊。

4

其实我不是全职写作，写作是我的兼职。我的主业是哲学和历史学研究。

和我的大多数同学相比，我在走一条和他们不尽相同的路，他们是做科研写论文，他们的进阶之路明确又清晰。可是我不仅做了这些，我还创业、写作、出版，还参加各种社会活动。

繁体版的《爱情，不过就是理解复杂，选择简单》得到了我的女神吴淡如小姐的推荐，她是我从大学开始就喜欢的女作家，熟悉我的读者都知道我不止一次引用过她的文章，结果我的书居然得到了她的肯定。

我们在台北见面聊天，她也采访了我。“你知道吗？我结婚的时候已经三十五岁了，在那个时候也已经算是大龄了。”她笑笑说，“可是我觉得没关系，你知道吗？我写作最高产的年龄，就是在结婚之前。”

我想这也是我写这本书的意义。

我们都还年轻，别太着急过“标准配置”的人生。

“标准配置”是我们触手可及的生活，是早晨七点钟温暖的床褥，是稳定又容易蹉跎的工作，是食之无味、弃之可惜的感情，是听父母的话选择自己并不中意的人生。

“高级配置”是我们早起、勤奋、努力和精进才能够享受到的生活，是按照我们自己的意愿，更加自由、更加心安理得地过一生。

“标准配置”是我们可以接受的生活，可是“高级配置”却是我们更希冀的生活。反过来讲，“标准配置”只是看起来安全的人生，可是风浪来时，它最不堪一击。

而“高级配置”却是我们和社会赤身肉搏练出的一身健美肌肉，让我们打得过小人、扛得过晦气。

这个虎狼社会，它不问男女，只论强弱。

愿你我都晚一点走入平庸和别人安排的生活，愿你我身披铠甲上阵，然后自然光芒万丈。

第一章

你不要急于过“标配”的人生

所谓的光辉岁月，并不在以后，而是在你最好的年纪，对于目标的坚持。

读书是最低成本的升值方式

读书到底有什么用？读书是这个世界上成本最低的升值方式。读书或者接受教育，是相当一部分人改变命运的唯一途径。

1

我的好友在美国读博士，她的老公也是博士，所以他们是一对智商和情商俱高的学霸夫妇。

她好不容易回国一趟，我们约出来吃饭。她一边感叹这几年都委屈了自己的中国胃，一边抱怨自家的亲戚有些双重标准。

因为他们夫妇回到家之后，亲戚的对话就变成了这个样子。

亲戚问男博士："小李啊，现在在哪里高就？"

小李回答："哦，在美国读博士。"

得知小李博士所在的学校是常春藤高校，相当厉害之后，亲戚的脸上堆起一种难以置信的表情，并且超级夸张地大呼："美国的清华北大啊，真是厉害！"

然后亲戚还不忘关心一下女生，转头问她说："丫头，是在上班还是上学？"

闺密说："在上学，我和我老公在同一所学校读博，不过是不同专业。"

亲戚"哦"了一声，愣了两秒钟，看来是在组织语言："女孩子读那么多书干吗？当心脑子读坏掉了。对了，什么时候要小孩？三十岁之后生孩子，孩子不太好的可能性很大啊，我回头要说说你妈去。"

2

有些大叔和大妈特别喜欢打听下一代的晚辈在干吗。就拿我来说，作为历史学的博士，只要是闲聊天被人发现了，那就逃不过这几种对话。

"学什么专业？考古？"

"哦，专门挖坟掘墓掀死人头盖骨吗？有没有遇到过鬼？"

他们的意思非常委婉，读书那么多也没啥用，还不如小学毕业拿到政府几套拆迁房来得快，不用打工不用看老板脸色，不用担心每个月工资是几个铜板，反正躺着就能赚钱，简直是贵族的享受。

“有男朋友了吗？什么？还没有男朋友？！”

“我得跟你妈好好说说，你爸跟你妈是不是想让你单身一辈子？读书也不能读傻了啊。”

意思是，女孩子的终极目标就是为了嫁得更好，读书也就是顺便读读打发时间，当然如果能考上好学校，显得智商高情商高能嫁得更好，那就最好了。要是读书不能帮助女孩子们在婚姻市场上水涨船高，那要么是白读书了，要么就是先结婚再说。

“我的天哪，你博士读四年？！2016、2017……你要到2018年才能毕业！”然后他们就开始替你以后就业的单位感到淡淡的忧伤，“三十岁上班五十岁退休，读了那么多书，不是还要去上班嘛，而且，才工作二十年就退休了，呵呵。”

所以在他们眼里，读书就等于挣不到大钱，这笔账不划算，太不划算了。

3

像是“女孩子读那么多书有什么用”的说法，我都听得耳朵生茧了。

好在我有开明的家人，他们很支持我选的道路。相反的，那些喜欢对别人的生活大惊小怪的人，保持这种观点的人，一般是一生无甚成就，不喜欢读书看报，除了喜欢看民生新闻和婆媳吵架之外，就是靠自己这半辈子阅人无数累积的优越感活着。

他们本身没什么智慧，可是又很有优越感。他们的信念就在于，读书就是为了挣钱，如果读书不能挣钱，那读书就是没有意义的。

但是说他们有优越感吧，他们的言论又时刻体现着他们的自卑。当他们说读那么多书还是要做和他们一样的工作时，他们潜意识不就认为，这些工作是给没怎么读过书的人做的吗？

那保持这种观点的人，是在瞧不起读书人还是瞧不起自己的工作？是不是在瞧不起正在做着这些琐碎的、压抑的、重复的、看不到希望的工作的人？

所以说以后，当我们遇到这样的人，不要丢给他们白眼，要更同情他们吧。因为与其说他们在嘲笑我们，不如说他们在嘲笑自己。一个自己都不认可自己价值的人，不是这个世界上最可怜的人吗？

4

说了这么多，读书到底有什么用？

首先，读书是这个世界上成本最低的升值方式。

读书多可以从两个层面来看，一个就是读书多，一个是学历高。学历高的人有成就的有很多，林徽因、冰心，都是高学历海归，在大学能当教授，嫁人也都嫁了男神。

最近获得雨果奖的《北京折叠》，作者郝景芳是清华大学经管院的女博士。

爆款小说《步步惊心》，是北大金融系硕士桐华边上学边写的。姑娘毕业之后本来是要进投资银行的，现在在学校里就挣了大钱，不用苦哈哈地上班，关键是在做自己喜欢做的事情，简直是我最向往的人生啊。

就拿我自己来说，我当然远不如以上两位有成就，但是读书多也让我有一种快速学习的能力，还有迅速领悟知识的能力，最重要的是，对这个世界保持着开放的心态，保持好奇心。

其次，读书或者接受教育，是相当一部分人改变命运的唯一途径。

而只有这个途径，他们才能够过上自己想要的人生。

新闻曾经报道过有一个叫小凤的小女孩，她的妈妈是村里的越南籍新娘。她很小的时候妈妈就跑了，剩下爷爷和爸爸，三个人相依为命，最近爸爸出去谋生，不幸溺亡。

台湾各界听到小凤的遭遇都呼吁捐款，像是小凤这样的女孩，能够改变命运的方法，除了读书和努力努力再努力，似乎别无他法。

第三，能够在有生之年，见证“读书无用论”被打脸。

如果你说我是错的，那你最好证明我是对的。

如果你说读书无用，尤其是女孩子读书更没用，虽然很容易被证实，但是在很多情况下，更容易被证伪。

再说闺密的亲戚，她的关节一直不太好，有人送给她一瓶进口药，说是对关节好，但是说明书上写的都是外文，她看不懂。

她找自己的女儿看，女儿也说看不懂，她就找到留美女博士，就是我的闺密。博士闺密看后说上面写的是德文，这是植物提取营养素，一天吃几次，怎么吃，有什么禁忌，跟她讲得很详细。她听完连声道谢。

这种就是不读书的下场啊。

最后，就是为了不要嫁给说“女生读书没用”的人。

“女孩子读那么多书有什么用？反正最后都是要嫁人的。”

确实是这样。读那么多书，当然不见得会遇到更好的人。但就是为了不要毫无选择，只能嫁给像你这样的人啊。

最起码也不要嫁给说“读那么多书有什么用”的男生啊。

那天在电视上听了一段《梁祝》，是经典选段《化蝶》。其实《梁祝》的经典选段很多，还有一段叫作《我家有个小九妹》。

唱词是这样的：小九妹聪明伶俐人钦佩，描龙绣凤称能手，琴棋书画件件会。我此番求学到杭城，九妹一心想同来。我以为男儿固须经书读，女孩儿读书也应该。

有些事情，我们现代人还不如古人想得明白。

承认吧，表演型人格让你又累又穷

真正获得自由和幸福，甚至是成功，最重要的就是你要反思内心深处的表演型人格。毫不留情地打破，然后才是能更加轻装上阵的自己。

1

那天在候机的时候，恰好看到一篇讲自媒体人的文章，看完之后觉得里面说的就是我们现代年轻人的通病。

“深夜发媸”的创始人徐妍，粉丝称她为徐老师，最开始积攒粉丝的时候，是靠写小黄文。

不知道大家知不知道那句话，三表龙门阵总结徐老师写作的套路是：“宁被操吐，不穿秋裤。”

2015年是徐老师小规模爆发的一年，当时《鲁豫有约》请了几位自媒体人，徐老师在受邀请之列。

那期我简单看了几分钟，其他自媒体人都挺表里如一的，比如“十点读书”的林少，很知性很儒雅。

但是平时写小黄文的徐老师一头黑长直，站在那里娴静端庄。鲁豫问她问题，她答得很腼腆，不像是网上写小黄文的徐老师，因为她在文章里是彻底地放飞自我，给人感觉反差很大。

我当时就觉得有些疑惑，淑女的外形和生猛干脆的小黄文太不搭了。

但是我心目中的疑问在这次采访当中得到解答了。

留黑长直时期的徐老师，是她觉得最分裂最不开心的时候。

她是可以写情感文章，但是她不是能天天伤春悲秋的人，而且她本来是渴望自由的，可是直男的审美让她蜷缩在看起来美好的外表下。

那段时间她非常暴躁、爱发脾气、不写文章，甚至觉得，干脆把这个号卖了吧，不做自媒体了，太累了，太折磨人了。

她把公众号停止更新两周，出去旅行，然后在雪山脚下想清楚的一个问题就是：我们所有的不开心、所有的压抑、所有的患得患失，都是因为我们想要取悦别人。

我们想要成为别人希望我们成为的那个人。

其实不是，我们只需要取悦我们自己。其他的，都交给时间和命运。

她回来之后就剪掉了直男最爱的黑长直，染了一头最亮眼的粉色的头发。

公众号开始转型，她不写小黄文了，改写时尚和化妆，一周之内掉粉三十万。

不过转型之后的徐老师变得非常开心，工作也很有热情。

现在众所周知，她的公众号做得很好，粉丝比原来还要多，还要活跃，留着短发的徐老师活得比以前自在多了。

2

我看到徐老师的创业故事，觉得她很有代表性。

她就是典型的表演型人格，而这个表演型人格只能在一段时间内充当她的铠甲、她的保护伞，时间一过，当她想要走得更远，就成为她的软肋。

因为我们没有办法将自己伪装成一个并不是我们的人。

如果我们装得像，那说明这是个好演员，可是并不代表我们能装得久。

还有白百何最近的情感风波。

她最大的问题，也在于她的表演型人格。

如果真的像是狗仔所说，她在2015年就协议离婚了，真的像是她自己说的，都是为了家庭，那她就不仅在戏里面演戏，在自己的人生里面也演戏。

你不爱一个人了，你还假装很恩爱，而且一定要摄影机和大银幕记录你是好妈妈、好妻子、好演员。

她以为自己能够靠表演型人格伪装自己，来挣很多钱。

我甚至有种奇怪的想法，就是其实这次的“一指弹”，弹掉的就是她不能掌控的钱，丢掉的是靠虚伪和掩饰挣来的钱。

因为她无法正视真实的自己，她感知自己的能力非常弱，她只是在扮演那个并不是自己的人，很完美、很善良、很女神。

其实就是个爱吸烟、爱赚钱、有七情六欲的血肉之躯罢了，不是女王，也不是女神。

没有镜头记录的痛苦都不是痛苦，没有观众称赞的婚姻都不是婚姻，这是一种典型的表演，自欺欺人。

而且泡泡戳破之后，伤了自己，也伤了身边的人，不是吗?

3

我想，成年之后最大的功课，就是和自己的表演型人格做斗争。

我们在传统环境下长大的普通青年，都有这个问题。

小时候在班里装好学生，为了拿三好学生奖状。

长大之后在家长面前装乖孩子，背地里抽烟喝酒约炮婚外情等等，反正家长开心就好。然后妈妈发现你其实也是个偷偷浏览黄色网站、会撒谎、会骂人、宁愿在路灯下哭鼻子也要回家假装什么事情也没有发生的普通小孩。

工作之后在领导面前装优秀员工，领导没来你已经上班了，领导下班之前你就是不下班，不管是在办公室干吗，让领导觉得你十分努力就对了。

然后升职加薪还没你，你气得把电脑一摔，骂领导是龟孙子。

“我都演这么好了，你凭什么不给我奖状？父母凭什么还对我不满意？领导凭什么不给我涨工资？”

实际上啊，我们越装越累，也越穷。

我一直也是个表演型人格的人。

我希望我的父母对我满意，我好好学习，按时回家，不抽烟不喝酒不和坏孩子鬼混，不早恋不乱说话，但是我二十五岁之后所做的选择，经常和他们的预期有偏差。

他们特别吃惊：你怎么能这样呢？我的孩子怎么能这样呢？你怎么不按照安排好的脚本走呢？

我也觉得特别累，因为在做正确的事啊，这么简单的事情大家都不懂。

后来我逐渐觉得，不是别人不理解我，而是我一直在过别人希望我过的生活，所以别人当然对你有期待啊。

明白了这一点之后，我二十五岁之后对家人做的主要工作就是——解释和游说，告诉他们我做出这些选择的合理性。

我四月份的时候宣传新书，主办方时报出版公司安排了很多采访——电视节目、广播对谈、报纸采访，看到他们的头衔是“主编”“资深媒体人”“知名主持人”等等的时候，我更紧张了，这不是分分钟把我问蒙的节奏吗？

那他们万一嘲笑我说：“哎，你看那个人挺能写的，但是说起话来怎么就那么蠢啊！”怎么办？

所以我自打拿到行程表那一刻之后就很紧张，赶紧问我的资深媒体人前辈说：“他们的问题我答不出来怎么办？你快教教我怎么救场！”

他悠悠地说：“你谁也不用装，谁也不用演，你就是你自己。能答出来就慢慢说，答不出来就微笑，真的不懂你就说不知道。你需要装得很全能很睿智，那不是你，你也装不像。”

他这招很管用，起码我没有心理负担了，我就是个喜欢写写文章的普通青年，我没有上帝视角，也不是情感专家。

所以我接受采访的时候，真的轻松多了，也流畅多了。

但是遇到气场强大的采访者，还是会很紧张。同样是宣传新书，我到“中国广播公司”接受吴淡如小姐的采访，她是我偶像，而且静静地坐着气场就很强大了。她丢给我一个问题，抬头看我一眼，我脑子里又空白了。但是她很善于救场，发现我卡住了，她马上救场，让我不会太尴尬。

节目结束了，我忙说：“吴老师不好意思，我太紧张了！”

吴小姐安慰地拍拍我肩膀说：“是你在想标准答案。你怕你会回答错了。其实哪有什么标准答案呢？心里想什么，就说什么。”

所以我想，真正获得自由和幸福，甚至是成功，最重要的就是你要反思内心深处的表演型人格。

毫不留情地打破，然后才是能更加轻装上阵的自己。

这个世界的任何一点甜头，都不是天上掉下来的

这个世界的任何一点甜头，都不是天上掉下来的，都是自己拼搏争取来的。蹚出这片枯寂，就蹚过生长，遇见风起水浪，就遇过虚妄，忍住顷刻回望，就忍过恓惶。

1

前几天我的表妹特别心急火燎地找我，让我帮她在五道口附近订宾馆。

我说好。然后上网一查，周围的平价宾馆连锁酒店全部爆满，我还以为是平安夜圣诞节的原因，然后再一问，原来24号和25号是考研日，全国报考北京高校的考生，都要进京

赶考。

说起来，我当年也是考研大军中的一员，而且我考了两次。

那年我二十一岁，是哲学系的学生。我们学校不错，但是大三那年我已经开始准备考研。当时我们学校和Top3的高校有一次哲学研讨会，我跟一位教授聊得很好。

他很关爱后辈，就说我有深造的潜质，可以报考哲学推免生，每年都有学生通过独木桥进入学府深造，可以试试看。

得到这个消息我很兴奋。要获取推免生的资格，首先要参加保送资格考试。我们院有两个名额，取成绩前两名的学生再参加一场考试，分数高的那个就能拿到保研名额。

我很紧张，我只有拿到这张入场券，才有资格找系里开证明，然后去北京参加推免生考试。

她也很紧张，因为她是本地学生，又是学生干部。我听到过这样的风传，只要她能够继续读研，再稳住三年，有系里的老师承诺她能够留校工作。事儿少、钱多、离家近，要我我也拼命。

所以两个心怀鬼胎的女人一起坐在了那个没有硝烟的战场。考神附体，成绩出来了，我胜出了。

2

秋高气爽的九月份，我拿到成绩那一刻比考上大学还激动。心里觉得自己可能还真的是读书那块料，再想远一点，到北京上大学，厉害的教授、牛×的学校，这都是我想要的，想想都觉得要笑出声来。

后来的每一步都告诉我，我太天真了。我确实是考试分数比较高，但并不等于拿到名额。拿到名额要经过院长或者书记盖章认证的，这才叫拿到。

我当天下午就拿着成绩单和证明，满心欢喜地去找院长，院长拿着那张纸看了半天，他那间装有明清红木家具的办公室，都诡异起来。

他看了许久，给辅导员办公室打了个电话，问："是有个叫×××的学生，要保送外校吗？不是说了优先保内，你不知道吗？"

辅导员听院长口气不对，在电话那头"嗯嗯，是啊"地装糊涂。

院长也是见过大世面的人，放下电话和颜悦色地对我说："为什么不保送本系呢？"

这个问题很好，但是说出来让大家都很尴尬。院长女儿的名声我们都如雷贯耳，在我们学校本科毕业之后，保送上海了。为什么院长的女儿可以到上海读书，为什么不按着头把她留下来？

这话当然不能说，我就说："我想要出去看看。"这也是实话。

院长轻轻说："我不能签字，我们优先保送本校。"他站起身，“你出去吧，我还约了人。”

然后我就一脸茫然地出门了，觉得特别不可思议，保送到更好的学校，母校应该与有荣焉对不对，为什么这么冷漠？

我当然不会死心。我是劳拉，是打不死的小强，没有人能阻挡我对于未来的向往！哪怕是万丈深渊，试过不行我才认输。

我回去联系了比我高一级的学姐，她说：“我那时候保送也这样，他们也许觉得你往外考，是看不起自己学校啊。”

我觉得心好累：“那怎么办？”

“去找主任，然后说得再诚恳一点。当然，一次肯定是不行的，他拒绝你，你就在主任门口等，等到他心软为止。相信我，我就是这么等到签字的。”

我觉得这招行，就去找主任。现在虹桥一姐不是蹲明星吗？我那时候是蹲领导，我蹲得真诚，蹲得贞洁，蹲得大义凛然，有时候从下午两点上班蹲到五点半下班，人家愣是不带搭理你的，哆哆嗦嗦地上去问话，领导说要开会，赶时间，很忙。

我跟主任说了一次，他不给签，我就拿着本书，一边背题一边蹲点，学习生产两不误。

终于有一天，在报名材料提交截止日期前的第三天，主任被我感化，他说：“同学，来来来。”

我进屋了，内心小鹿乱撞，以为我终于等到这一天了。主任先是点了一根烟，大口吸了两口，然后悠悠地对我说："同学，你为什么要天天在办公室等我？谁教给你的？我不会给你签字的，你出去吧。"

我当然不会蠢到把学姐供出来啊，我承认这是自己开了脑洞，但是出发点绝对不是为了给主任找麻烦！我说："老师，我只是去参加考试而已……一个签名，一个签名就行。"

主任挥挥手，我出去了。然后下午的时候我接到了我妈的电话，她说主任给她打电话了，说她怎么教出这样一个人品差的孩子。

3

那段时间真是难熬，蹲点要材料和要签名，我每天都处于奔波求人和等人的状态中，经常被同学目击到我在校园里兴高采烈地从这头跑到那头，似乎有好消息，然后又看见我从那头折回这头，两眼红红，一脸倔强。

"有消息没？"

"没有。"

后来院里有一个老师，听说了一个跟李雪莲似的学生讨要签名的事迹，动了恻隐之心。让院里给我签字。

当时我们都没有智能手机，我要到了那位老师的电话，发了很长的短信说谢谢，他回了我五个字：师者，父母心。

那一刻我真的是有说不出来的滋味，涕泪交流。

九月底我到北京考试，北京的宾馆很贵，住一晚上好几百，我就找了魏公村附近的地下室，五十块钱一晚上，住四天才是住正经宾馆一天的价钱。

地下室很潮，很臭，门可以带上，但是锁不上。床单是臭的，再换也是臭的，我是医生家的孩子，还是有点小洁癖的，后来我索性和衣而卧了，还能舒坦点。

窄窄的长廊，一眼能看到头，那是另外一个世界。我白天就在屋里看会儿书，等待上考场，地下室里没信号，也能促使我好好学习。

4

我们专业只录取一个人。考试那天我发现，全国各地来考的有二十多个人，有本校的学生，还有各个学校的尖子。

我考试的时候就知道结果已定，放榜那天，我果然没有考上。忙着要签名，我也没有很多时间好好学习，每天的心情起起落落，成绩能好到哪里去？

其实没考上对我的打击还好，顶尖的学校本来就难考。但是对我打击更大的是，我还要回到那个铁桶一般的地方，接受他们的嘲笑。

他们会说你折腾个什么劲？求爷爷告奶奶让一圈人跟着你不开心，最后不还是没考上，还要回到我们这里来？

大学同学有时候是很刻薄的，他们会说，像我们这样多好，不争不抢，所以不会有磨难，不会有痛苦，也不会有丢脸。

比这个打击还要大的是，他们如愿以偿了。学生没有保送出去，担心今年政绩的领导可以长舒一口气了。

摆在我面前两条路：保送本校研究生；放弃名额，留给初试第二名的同学，继续考研。

我选择了后者。

至今想起来还是灰暗的时光，我致力于冲破铁桶，最终还是从高处重重跌落，满身是伤地回到大家中间。嘲笑有之，冷落有之。

和所有领导都弄僵了闹掰了，我成了老师口里的“爱挑事儿”的一分子，我失去了向往体制的同学的尊重。

5

我脸皮那么薄，感到丢人丢到门头沟，我什么也没做，为什么要感到羞愧？可是我就是觉得很羞愧。

那我怎么办？我向往外面的世界，我要负重前行。

所以我重新报考了那所学校，我背英语、做真题、记单词，政治冲刺、时事押题我都要看过记过，专业课往狠里看，自习室里面的椅子要坐穿。

很难，真的很难，跟全国的考生竞争，学长学姐当中没有考上的先例，我都知道。没有指点，没有上辅导班，没有人关心，也没有人理解。

那年我二十一岁，那天打电话给我妈，还没说话就哭得老泪纵横。

三天后收到中国邮政EMS快递包裹，我爸邮寄给我的，他还是习惯跑邮局。

里面是三枝百合花，有的开败了，但是还是很香。我喜欢百合的香气，这个我爸知道。下面铺了满满一层糖果，是金丝猴硬糖和喔喔奶糖，八〇后心中的零食之神，我爸这记性，真的还以为我是小孩呢。

糖果之间藏了一张小纸条：爸爸妈妈支持你！

老泪纵横。

6

考研的结果就是我考上了。

我们班百分之八十的人都在准备考研，我考的学校，就是和全校的文科生相比，也是不错的。

知道考上那天，我约了最好的朋友去吃串串香。在我最难的时候，他也没有怀疑过我，他说我是个好人，正大光明地追求更好的生活，不应该被排斥、被指责。所以这一年里面，我也变相地认清了很多人。

我请客，让他随便点。我俩点了一大锅红油串串，扦子丢了满满一桶，猪肚、鸭血、香辣牛肉，哪个重口味我们点哪个，开啤酒，讲段子，骂人骂到拍桌子。

在燥热的夏天，没有空调的苍蝇小馆，谈领导，谈给我们挖坑的那些怂（需要美编造字，上尸下从）人，谈远方，谈责任，谈未来。

他问我现在什么感觉。

我并没有电影里面那种狂喜，撕书或跑到阳台上大喊大叫的行为都没有，很平静的喜悦，喜悦是觉得我做到了，平静是觉得这是我应得的，看在我吃了这么多苦、遭了这么多罪的分儿上。

真的，给我点甜头吧。

我不能说考上研究生之后我过得很不错，还需要奋斗，还需要成长，我只能说的一句励志的话就是：我从来没有后悔拿到更高的学历，经历更多的东西。

如果还在原来那个地方，我不知道我会堕落成什么样子。

我们两个女孩的命运是，那个保送到本校的女生也毕业了，可是当年承诺她可以留校的人，似乎也食言了。她有一份工作，和高校无关。

其实我想说的就是，考研并不牛，考上了研究生也不牛。

考研是一种经历，不管如何，这条路告诉我们，无论如何，也不要委曲求全。

发誓要看更大的世界，接触更好的人生，所以不能就这样甘心平庸地过一生。

这个世界的任何一点甜头，都不是天上掉下来的，都是自己拼搏争取来的。

蹚出这片枯寂，就蹚过生长，遇见风起水浪，就遇过虚妄，忍住顷刻回望，就忍过恓惶。

所以，真的加油！

一个人能够活色生香，两个人才能相得益彰

而当有一天，真的遇到爱情的那一刻，你会发现，这个世界最让人愿意说I do的，不是脸蛋，也不是金钱，而是那遥远的相似性，像是被造物主安排一般，既无惧无边丛林，也盼望星辰大海。

1

几年前，我看浙江台的综艺节目《人生第一次》，发现好久没有在大荧幕上面看到的钟丽缇也参加节目了。

她的身份变成了单身妈妈，当时看了觉得挺心疼的，因为节目里面所有的小朋友都是父母陪着，只有她是自己带着

女儿。

她整个人的状态很阳光但是又很拼。游戏环节经常要一个人单挑剩下三个家庭，一般别家都是爸爸出来应战，骑马之类的体力活动她全部搞不定，这种体力的比拼她通常是最后一名。但日常生活当中，烧火、做饭、照顾女儿安全等等，她都能一个人完成，有时候还能腾出手帮忙照顾别人家孩子。

当时她的女儿考拉还是个特别爱哭的软妹子，是三个女儿当中长得最像妈妈的。为了不让考拉感到落差，钟丽缇就一直鼓励女儿：没有爸爸，妈妈也可以！

钟丽缇，中越混血儿，1970年9月19日出生于加拿大，毕业于魁北克大学工商市场系。

1993年获得“国际华裔小姐”冠军，然后便前往香港发展。天生尤物，蜜色肌肤、唇红齿白、面貌姣好、身材火辣，很快就被贴上了性感的标签。刚入行演的电影《人鱼传说》《中南海保镖》等，简直不要太美。

钱锺书在《围城》里面形容穿着暴露的女孩为“熟肉铺子”：“绯霞色抹胸，海蓝色贴肉短裤，镂空白皮鞋里露出涂红的指甲……”她就被形容为这样的女孩儿，但是钟丽缇当时就表示完全不在意，因为从小在国外长大，她对于性感这种标签看得很开，就当是褒奖吧，毕竟不是所有人都担得起这个头衔的。

钟丽缇出道五年之后，在事业最好的时候结婚了，女明星的黄金时代啊，她居然结婚去了，嫁给英国男友Glen Ross，生了大女儿Yasmine。四年后离婚。

后来，钟丽缇在北京和音乐人严铮定情并结婚，先后生下女儿严子晴（Jaden）和严稚棱（Cayla），2011年这段婚姻同样以离婚收场。

其实即便是坚强如钟丽缇，也会有脆弱的时候。2014年钟丽缇带着三个孩子上《鲁豫有约》，嘉宾还有韦唯。这一期的主题也微妙，是单身妈妈专场。歌手韦唯带着三个儿子，演员钟丽缇带着三个女儿。

我想，这种给嘉宾贴标签的方法难免会让人不舒服吧。但是在节目现场的钟丽缇，非常落落大方，她很坦白地讲，单身妈妈有很多不容易，但是即便是很不开心，她也不会哭，只会拼了命想要把孩子照顾好，让她们在有爱的环境中长大。

不过有的时候真的会有挫败感，如果觉得女儿有一段时间不爱说话，不喜欢跟她交流，她就会觉得，是不是因为缺少父爱了，是不是自己哪里做得不好了？

钟丽缇的大女儿Yasmine在私下里话可能不多，但是在现场却说，妈妈真的很辛苦，不容易。

钟丽缇当时就泪崩了。那么要强的女明星，要兼顾靓丽的外表，努力工作，在家里还要照顾青春期的大女儿和两个特别需要照顾的小女儿。钟丽缇在节目上受到女儿的肯定开心得不得了，她笑中带泪地说："我会继续努力的！"

《爸爸去哪儿》第四季我看了，当时还是钟丽缇未婚夫的张伦硕带着女儿考拉上节目。

村长问考拉说：“你的爸爸在哪里？”

已经变成酷女孩的考拉特别害羞地指指后面说：“我爸爸在这里。”

其中有一期，沙溢扮恐龙问几个小朋友谁的爸爸最帅，小考拉马上举手说：“我的爸爸最帅！”脸上的表情特别自豪，真是祝福考拉啊，再也不是那个羡慕别人有爸爸的小朋友了。

钟丽缇离婚五年之后，四十六岁的她和三十四岁的张伦硕结婚了。

我相信钟丽缇的条件会让很多的明星、富商、权贵望而却步，我也相信，张伦硕可以找到比钟丽缇小很多的更美貌的经历更加简单的女孩子。可是爱就是这么神奇，两个人冲破了所有的标签在一起。

我觉得特别感动。我感动不是因为大龄的、三婚的、有三个女儿的女人结婚了。让我们放弃这些无聊的标签。

而是因为我觉得，这份感情的可贵之处在于，你爱上了一个有过去的女人，就意味着，你要接纳她曾经的伤痕，你要把她的伤痕全部拿过来加在自己的身上。

而且你要特别小心，你不知道哪句话就伤着她了，让她难过了，你必须给她很多很多的爱，很多很多的安全感，很多很多的感同身受。

我很感动是因为，一个女人活得成功，不是她长得多么漂亮，她嫁了多么好的男人，而是她通过自己不懈的努力，自己成为了更好的人，并且遇到了更好的人。

我感动的是坚信自己终将获得幸福，并且为之奋斗的状态。

我觉得钟丽缇说的这句话特别掷地有声，我把它写在我的微信公众号里面。这句话是这么说的：“爱情是没有任何界限的，无关年纪和国籍，最重要是合拍。任何年纪都需要爱情，四十几岁的女人要找六十几岁的男人才叫合适？”

2

女神米兰达·可儿订婚的时候在Ins晒出了自己的戒指，并且发推文说：I said yes！！！

可儿的先生叫埃文·斯皮格尔，1990年生于洛杉矶，是标准的九零后，很会投胎，父母都是著名律师，小时候就住价值三千万美元的大豪宅，后来考上斯坦福大学，学的是产品设计。

上大学的时候他就开始创业，拉上自己的好基友鲍比·墨菲用一个暑假的时间，开发了一款名叫Snapchat的APP，中文名很霸气，叫“阅后即焚”。

这款软件的主要功能几句话就可以讲清楚：所有照片都有一个一到十秒的生命期，用户拍了照片发送给好友后，这些照片会根据用户所预先设定的时间按时自动销毁。而且，如果接收方在此期间试图截图的话，用户本人也将得到通知。

这款软件是2011年上线的，然后就受到年轻人的热烈欢迎，这位九〇后还被《福布斯》杂志评为最年轻的亿万富豪。

米兰达·可儿，比埃文大八岁，出生于悉尼，有着澳大利亚、塞尔维亚、波斯以及菲律宾血统，在全球超模吸金排行榜排第六位。

前夫是精灵王子奥姆多，两个人离婚之后，共同抚养他们的儿子Flynn。

米兰达·可儿一直是超模圈高冷脸中的清流，圆圆的脸盘、圆圆的鼻子、圆圆的酒窝，清新阳光而且很有辨识度。

她很热爱运动，除了在离婚期间被媒体拍到有发福的照片之外，一直以甜美阳光的形象示人，而且每天坚持做瑜伽一个小时左右。

米兰达·可儿刚刚离婚的时候，被媒体拍到时妆容整齐，一脸灿烂，互联网上讽刺她城府太深，和精灵王子离了婚这么高兴，一定是如愿以偿了吧？

她从来不回应。

后来米兰达接受采访，有人问她说："你是天赋异禀吗？看起来离婚对你影响不大啊！"

她说："我很伤心啊，我伤心欲绝。但是我还是会每天化好妆再出门，像是要拍广告一样。我要向世界证明，离了婚的女人不是他们想象中的那种样子，绝不是头发蓬乱穿着睡衣上街烟不离口脏话不离口。我更喜欢积极阳光的自己。”

3

有一个我很崇拜的女教授，她的前夫是很有名的学者，老师年轻的时候也是特别有魅力的文艺女青年，两人都在学术机构工作，学术男神和女神的结合，简直是人人称羡。

但是结婚若干年之后，他们的儿子不幸得了癌症，整个家庭的气氛就变得不对了。他们开始因为儿子的病痛相互指责对方，然后先生在儿子患绝症特别需要父亲的时候，跟老师离婚了。

当时老师四十五岁，她的儿子十四岁，先是承受先生在这个时间选择分开和再婚，然后，眼睁睁地看着自己心爱的儿子一天比一天更接近死神。

但是她选择坚强。女教授把家里和病房所有尖锐的地方都拿棉被包起来，因为化疗病人皮肤脆弱，稍有磕碰就会发生意想不到的后果。她的儿子热爱写作又喜欢念诗，她在一旁静静地听着并鼓励他；儿子想要去看香山的红叶，她住在离香山很远的地方，只能乘坐公交车去；家里住在楼上没有电梯，她先把轮椅推下去，儿子无法行走，她就背着儿子下楼，一百多斤的大小伙子，她走走停停，咬紧牙关；她告诉儿子每天微笑，不要仇恨命运，不要仇恨任何人。

和病魔搏斗两年，可爱的儿子离开人世时，是在她的怀里静静离开的。走之前儿子留给她两句话，说：“妈妈，在我的葬礼上，我请你穿得漂漂亮亮的，请你不要哭。如果你哭了，你是给我丢人，我不喜欢这样的妈妈。”

女教授参加葬礼的时候，特意穿了一身天鹅绒的旗袍，剪掉了自己最心爱的长发，因为儿子说她剪短发一定更好看。她化了淡妆，在葬礼现场，很多人哭得伤心欲绝，她像优雅天鹅一般站着，静静流泪。

有记者也去了葬礼现场，回去之后写报道说：“这个妈妈一点也不伤心，儿子都去世了，打扮得那么漂亮！”

有人看到报纸，马上给女教授打电话说：“你快看，他们污蔑你，他们居然这样写！”

教授买了一份报纸，看过，淡淡一笑，把报纸丢掉。

儿子走了，只剩下她孤零零一个人。四十五岁离异丧子的女人，还能指望什么呢？没有青春的年纪，没有美好的肉体，没有希望，没有工作，没有存款，没有后代，没有未来。

重新开始吗？人生都过了大半了。有头脑是吗，那又怎样呢？过了生育年龄了吧，这辈子都没有含饴弄孙的缘分了。

干脆就认赌服输，承认自己就是不被上帝眷顾的那一小撮吧。

干脆就认命吧，霉运就像是上帝掷骰子，你将被压在五行山下，永世不得翻身。

作为失婚又丧子的女人，她也曾经觉得自己活不下去了。

但是她让自己走出来的方式就是跑步和瑜伽。她也辞掉了之前在学术机构的工作，做了独立学者，还把很大一部分时间投入到关爱失婚丧子人群中去，让他们知道，有一个这样的妈妈跟他们站在一起，他们并不孤单。

五十岁，老师又走入了婚姻，现在的先生是国际知名学者，年轻的时候也是学术圈里的男神呢。如果你听过先生的讲座，会发现六十岁的老先生，上知天文下知地理，有魅力到天际！

两位有情怀、有见识、有深度的人在一起，简直是不能再般配了。

决定你的生活状态的，只有你自己。而且，无论任何年纪，遇到任何困难，都要告诉自己，You deserve better。

4

在这个又残酷又有趣的世界，你从来就不知道自己会遇上什么样的事情。

就像是你无法预测打开那个巧克力盒子时，里面会跳出糖果还是老鼠一样，你也不知道自己下一秒会遇见鸟语花香还是冷酷仙境。

唯一可以做到的就是，你面对自己有多积极多诚实，世界就会对你多温柔多友善。

生活的不公平之处就在于，你不能只拿玫瑰，不要荆棘，但是你可以做到的就是，活成更好的自己，去面对这个世界。

每个女人都拥有自己的守护骑士。

而失去婚姻的女人，都是暂时失去骑士的公主。在骑士还没有来到你的身边之前，你要把自己武装起来，为更好的自己拼搏。

即便是道阻且长，你也要冲锋陷阵，不然那些嘲笑你跌倒无助狼狈的人，就真的得逞了。

最终获得幸福的，会是有风雨兼程的勇气，未百步折返的，有决心的人。

所以我想我们新时代的女性，要向前面三位学习。

不是学习那些长得漂亮嘴巴甜甜就能嫁入豪门的人，而是要学习钟丽缇、可儿和女教授，无论是在怎样的人生低谷，都有从泥泞中奋起的勇气。

“拾起你破碎的信，把它变成艺术。”这是梅丽尔·斯特里普（Meryl Streep）在金球奖典礼的获奖感言中说的，我觉得说得特别好。离婚、背叛、贫穷、孤单并不可耻，它们恰恰带给我们重生的力量。

而当有一天，真的遇到爱情的那一刻，你会发现，这个世界最让人愿意说I do的，不是脸蛋，也不是金钱，而是那遥远的相似性，像是被造物主安排一般，既无惧无边丛林，也盼望星辰大海。

当骑士披荆斩棘来到你的身边，你就会明白，之前所有的坚持和坚强，酷毙了。

天生没有拿到100分，怎么办

我们并非天生丽质之人，却是兢兢业业之辈。我们从来不轻易认输，大风越吹，越发骄傲，然后做一颗倔强的子弹，坚定地冲破秋冬春夏。

1

我上小学的时候，我爸是空军军医，我妈是资历尚浅的牙科大夫，所以出身工薪家庭的我一直在郊外的部队小学就读。我们只有一个单位分配的家，并没有属于自己的房子。

考虑到我以后的升学问题（当时的政策是根据房产证所在街道划片区入学），我父母决定买一套位于市中心的学区房。当时一套房子全款是八万块钱，房子七十平方米，我父母只能出得起一万块。

上个世纪90年代，似乎还没有兴起银行买房按揭贷款这回事，万幸的是我家的亲戚都宅心仁厚，没有什么《致贱人》或《我为什么要帮你》中的那种人，大家就是知道有一对努力工作的年轻夫妇经济困难，所以东拼西凑借给我们七万块钱，让我们买房子。

千辛万苦搬进了市中心的学区房，我获得了转学的资格，所以就在我三年级的时候，我从穷乡僻壤的部队小学，转学到市中心的第一小学。

我所空降的班级，基本上都是官宦人家的子弟或者是富贵人家的儿童。他们大都身着名牌，车接车送，平时讨论的话题不是吃小摊和踢毽子，而是伦敦来的亲戚又给他们带来了新玩具或寒假会飞到澳大利亚补习英语之类的“高端生活”。

他们学习也不见得很好，但是总能坐在教室里面最好的位置，连老师对他们绽放出来的笑容，都要比对我们的可亲三分。

有一天已经过了放学时间，快到饭点儿了，我还没有回家。我妈在家左等右等等不到我，切菜煮饭心神不宁，眼看已经天色渐黑，她觉得有些不对劲，所以放下菜刀摘下围裙跑到楼下问我的同班同学我怎么还没回来，然后被告知，我的作文写跑题，被老师留堂了。

我妈到学校找我，就看见我像是受到过度惊吓的小猫一样戳在讲台旁边，教室里空无一人，只有一本薄薄的牛皮封面的作业本，丢在我脚下。她捡起作业本，拉着我去找老师。语文老师正准备回家，惊讶地表示这孩子怎么还没走，然后对我妈说：“你这个孩子啊，脑袋有点不好使，只有付出双倍的努力，才能赶上别人一半的成绩。”

他从我作文审题能力不佳这件事情上见微知著，推断出我脑壳有问题，无药可医，除非是后天开足马力，否则此生无药可救。

天知道我怎么就把老师这句歹毒的论断一直记到现在。

当时我妈只是医院里最年轻的口腔科大夫，她比不上我那些同学的父母，他们不是县长就是市长，不是农场主就是开煤矿的，总之他们学习还不如我，可是却没有受到过任何不公正待遇。

我妈谢过老师之后拉着我的手离开了，回家路上，她忧心忡忡地对我说：“我觉得你老师说得纯属放屁。”

2

我高中在市重点上学，学习成绩还可以，但是数学发挥特别不稳定。因为数学成绩堪忧，所以我参加了两次高考。

第一次高考，考数学的时候我紧张到爆，一直在祈祷说不要太难不要太难，事实证明，毫无诚意的祈祷并没有什么用，拿到卷子翻一翻数学的大题，我就知道这次要完蛋了。

考试出来之后，我们班的数学课代表已经在校门口贱贱地等着，逮着人就特热切地说："你选择题倒数第二题是不是选B？你大题做出来没有？"

我的内心戏是这样的：大题做出来了不起啊！事实证明，大题算出来确实了不起，人家被同济录取了。

出分那天还是晚上零点，我的成绩有个大学上是没有问题的，但是距离我想上的大学还是有一定差距的。我爸妈特害怕我寻死觅活，安慰我说什么学校都挺好，只要好好学习就行。

不过当时我已经做了决定，再复习一年，反正还年轻，没什么大不了的吧。就是抱着这样的信念，我开始了为期一年的锤炼。

我去复读的学校是县里的一所省重点，出过不少高考状元和高才生，而且以炼狱式的环境著称。

我的复读时间表是这样的：早上五点起床洗漱，五点二十就要到教室，五点半教室里要响起琅琅的读书声，班主任也会准时来到教室，如果你没看见他，那他一定是在后门悄无声息地注视你。

六点半到操场跑圈，口中还要高喊："不拼不搏一生白活，不苦不累高三无味！"重要的话说三遍，特别重要的话重复N遍。

七点到食堂吃饭，七点半回到教室，一直到晚上十点下自习才能够回宿舍睡觉，每天如是。

十多年前上高中，手机还没有普及，但是我离家出来上学的时候带了手机，主要是方便和家里联系。老师也能体谅外地来的学生不容易，但是当然手机是不允许被带在身上的，所以手机平时要放在老师那里，我们每三个星期休息半天，那一天才会把手机还给你。

所以那天下午就是我的集中痛哭日。一般是这样的，我拨通我妈的电话，那边："喂？"然后我这边："哇……嘤嘤嘤……"

有时候打电话的时候，我妈正好在忙，当年的手机也不怎么隔音，旁边的病人听到电话那头有个小女孩因为学习太苦崩溃了，就你一言我一语地安慰我，说："没事，没事。"

其实我哭也不是因为苦，我甚至都不知道自己哭什么，哭曾经的同学有大学上，我在这里当留守儿童吗？哭高四生活太压抑吗？哭前途未卜，还是哭食堂太难吃，洗手间永远人满为患吗？

知道我不容易，我爸和我妈算好我休息的日子，他们就在家准备饭菜，炒一盘干煸辣子鸡，然后去市场挑最新鲜的小白菜，煮一人份的小白菜肉丝汤。

辣子鸡一定要很多很多干辣椒，白菜汤稍稍放一点盐，装在双层保温饭盒里面。上层铺满满一层干煸辣子鸡，下层装白菜肉丝汤。他们俩没有小汽车，就一人骑一辆小摩托，油箱里加满油，疾驰在坑洼失修的省道上，一骑扬尘，石子乱飞。

我们学校旁边就是县城的古城墙和护城河，知道他们会来，我就在老地方等着他们。相聚时刻，他们在草地上铺好报纸，打开饭盒，我席地而坐，啃鸡肉喝菜汤，有时候喝得兴高采烈，有时候吃得涕泪横飞。

复习了一年的老兵再次走上战场，紧张到头一天晚上失眠惊醒，上考场前担心得心律不齐。但是接下来两天的时间里，语文、数学、英语、文综，我觉得发挥得还不错，我挺过来了。

放榜那天，我考上了心仪的大学，读了哲学系。世人都说学哲学的人疯癫无用，我说世人看不穿。无忧无惧，一路狂奔至今。

3

“你这个孩子啊，脑袋有点不好使，只有付出双倍的努力，才能赶上别人一半的成绩。”小学老师的话我还记得。当时懵懂，长大一点觉得气愤，现在回想起来，居然觉得中肯。

像我这种资质平平之人，时常会羡慕我身边的女神朋友。

想要和她们交换背景——父母在北京有个四合院就好了，不用这么疲于奔命；想要和他们交换人生——勇敢放飞自我；想要和女神朋友交换皮囊——反正美貌的人在这个社会总是有更多机会的……

比如说吧，我的好朋友氧气美女小姐，简直就是我眼中十全十美的人生。

同样都是基因碰撞的电光石火，氧气美女小姐就修成一副好皮囊。闲静时如娇花照水，行动处似弱柳扶风。我们出门都要把脸蛋糊得里三层外三层，不然你见着老师见着客户人家说你对他不尊重。反观氧气美女小姐，素颜美得跟化了妆似的，自带柔光滤镜。

早上刷个牙就敢不洗脸去上班，依然让人觉得是精心装扮之后才出门的，经常收获男性粉丝“你素颜比化妆更好看”之类的称赞，实在是折杀我等俗人也。

更气人的是，没有人比漂亮的人更懂得糟蹋自己的外表，人家大晚上该吃吃该毁毁，吃不胖毁不了就继续美。

再说我最想和谁互换人生呢？那就是我另外一位名媛闺密了。

跟我略被人嫌弃的童年不同，她父母都是外交官，从小被富养长大，三岁就开始环游世界，五岁就有了迪奥限量版，长大之后考上了美国的大学，浸润在各种欧风美雨的先进文化当中。因为从小就长着一张陈丹青所谓的“没有受过气的脸”，她有一种我等只能后天苦苦培养的气质，一种温润如玉的、谦谦女子的、腹有诗书气自华的气质。

越来越觉得村上春树有一句话说得很对：“人生基本是不公平的。此乃不刊之论。即便身处不公之地，我以为亦可希求某种公正。许得费时耗力；甚或费了时耗了力，却仍是枉然。这样的公平，是否值得刻意希求，当然要靠各人自己裁量了。”

4

最近我看了章子怡成名前的经历，觉得也很受震动。

当时《卧虎藏龙》选玉娇龙，张艺谋把章子怡推荐给李安，李安看过章子怡的照片，觉得章子怡不行，她不像玉娇龙。李安当时心想，这个女孩子就算了，不知道玉娇龙长什么样子，反正，不太像是章子怡的样子。

第二次见面，章子怡已经进了剧组，每天都有很多女孩前来试镜。比她高挑的，比她美貌的，有些还是练过武术的，有一身好功夫。可是章子怡只是学过舞蹈，她没有任何武术基础。

那最终为什么选中了章子怡?

李安说：“因为章子怡特别努力。”

别的女孩都在聊天、补妆，她一直在压腿、练剑、打拳，觉得这个女孩真特别，众美女当中看去，她那种认真劲儿自带光芒，简直就是玉娇龙，最后就定了她了。

在片场，章子怡因为打戏，指甲被打掉好几个，她把手指头插进雪里面冰一冰，继续拍戏。

她这么努力，每天演戏结束之后，李安都会和周润发、杨紫琼等拥抱，就是不抱章子怡。

拍戏一个月之后，章子怡找到一个机会和导演同坐一辆车去片场，四十五分钟的车程，章子怡一直想要问导演一句话，一句在她心目当中盘桓了很久的话：“你为什么不拥抱我，媒体都说你不喜欢我，是不是真的？”

就是这一句话的事儿，章子怡在嘴里打转四十分钟，愣是没说出口。

眼看片场就要到了，再不说可能就再也没有机会了。章子怡脱口而出，李安只是淡淡地说：“Work hard！”（再努力吧！）依然没有拥抱，连最简单的鼓励一下都不肯。

《卧虎藏龙》拍了六个月，杀青那一天，章子怡终于被李安拥抱了一下，她当场就哭了。

随后，《卧虎藏龙》这部电影大获成功，还斩获了奥斯卡奖，章子怡年纪轻轻就成为国际影星，一下子星光无量，大器早成。

多年之后，章子怡已经成为戛纳电影节的评委，和恩师相见，李安在离她十米远的地方，就张开双臂迎接她。这个动作意味深长，拥抱那一刻，章子怡又哭了。后来李安说，拍摄《卧虎藏龙》那时，他一直没有拥抱章子怡，这是他对新演员的训练方式，让演员知道自己没有做到最好，要打起精神，更加努力。

5

有的人天生丽质，自带主角光环，比如我以上提到的那两位朋友；有些人拔剑四顾皆茫然，比如平凡无奇的我，比如刚开始被导演无视的章子怡，比如常常被人否定说不是这块料的你……所以，真的没什么其他办法，只能奋起直追。

生活不会因为你没有天生丽质就对你网开一面，没有人会因为你是女生，你是弱者，你能力不强，你不够吸引人，而对你怜香惜玉。

在这个虎狼社会，任何一份工作或任何一场考试，想要抓住机会，都需要实力。一旦放弃努力，就等于满盘皆输。

没有人有义务透过你邋遢的外表去发现你优秀的内在。初次见面，每个人给别人留下好印象的时间只有短短三秒，当你邋里邋遢地出现在面试官面前，当你脱口而出未经准备的话，你几乎就已经丧失展示内在的机会了。

你看到所有白皙肌肤，都是无数次按时护肤早睡早起的结果；维密天使的魔鬼身材，都是无数次在健身房坚持运动时挑战和突破的结果；世间所有的美好，都来自对于自身的要求和严格的自律。

虽然网红脸在一定程度上降低了美貌的神圣感，但是不代表丑和邋遢就能有更多的优越感。

最重要的是，越早意识到这个问题，越要努力去做更好的自己，这才是行走江湖的正确姿势。

不能天生丽质，就要天生励志，做实力派。

我们不是最天生励志的那个，我们可能也不是这个时代的幸运儿，但是我们的努力，会被自己看见，会被这个时代看见。

人生只有两种结果，被锋利的生活磨平了棱角和用锋芒的自己打磨生活。

那些有过不怎样的青春，最后为之奋起成为人生赢家的人，都有一个早熟的观念，就是：自知之明。

这个自知之明就是，把老天给你的天赋和后天的努力分得开、看得清。我们可能天生没有拿到一百分，可是我们可以凭借自己的努力升华自己的命运。

钱不够花自己挣，机会不够自己硬闯。

我们并非天生丽质之人，却是兢兢业业之辈。我们从来不轻易认输，大风越吹，越发骄傲，然后做一颗倔强的子弹，坚定地冲破秋冬春夏。

也正是应了那句话，不能天生丽质，就要天生励志。

所谓的光辉岁月，是在你最好的年纪，对于目标的坚持

站在高跟鞋上，我才能看见真正的世界，使脚不舒服的不是鞋子的高度，而是欲望。

1

那天我看完电影在等人，闲得无聊就划拉朋友圈。发现我好长时间没有联系过的朋友发了一条这样的状态：稿费还是这么少，加班又是累成狗，好的事不出现，喜欢的人不喜欢我。

人生就是这样吧。

我们原来在同一家报社工作，想来已经有两年时间没有

联系了。

我记得之前在报社当同事的时候，他发的状态基本上都是抱怨自己又累又穷，工资又少。两年了，黄磊都要了三胎，法国总统从坏大叔换成了小鲜肉，他还是在原地踏步。

抱怨累、穷、生活不公。

最可怕的是，生活真的给了他所抱怨的一切。

两年没有加薪的工作，没有力量的文字，遥遥无期的爱情，还有没头苍蝇一样的人生。

真是可惜，在人生最好的年纪，却言中了自己也不愿意过的人生。

2

我有一个让人印象深刻的姐姐杨子，见过她的人都叫她美魔女。她三十岁的时候，从央视主持人的岗位上辞职，然后结婚，再然后去法国留学。

留学的时候她学的是媒体，当时已经打定主意要改行，所以留学也是在为之后回国的转型做准备。

结果学成归来团聚，老公出轨了，她一下子从明媚春天到了冷酷冬天。

好不容易缓过来，交了个年纪相仿的男友。她也转行做了央企的高管，有好口才加持，升职很快，升到了副总的位置。

然后爱情长跑了五六年，男友突然找了小女孩结婚去了，狗血的是，分手的时候像是从人间蒸发，这个人上了飞机，然后就不见了，后来听说是移民结婚去了。

3

那年她三十八岁了。虽然长相上看起来还是像二十八岁，但是身份证上的出生日期不会骗人。

挺多人给她介绍对象，比如五十岁离异二十年的科技怪才，比如六十五岁有中风前兆的新加坡富商，嫁过去之后她就能继承遗产。

她都不要，周围人都说，四十岁了还挑什么！

四十岁的男人找二十岁的，那四十岁的女人可不得找六十岁的。

人家还嫌你老呢。

美杨子咬咬嘴唇不说话。

继续健身、挣钱、交朋友，她还去学昆曲。

最近美杨子约我出来吃饭，送我一大堆书。

我笑着说："你是不是觉得我特缺钱，送这么多书给我？"

她笑了，说："哪有，我要结婚啦，家里有点小，装不下这么多东西，你是文青嘛，当然送你书了。"

"所以姐夫是谁？"

"我们的合作伙伴，比我小十岁，算是小鲜肉吧。"

晚上吃完饭，美杨子的未婚夫开车到了，在门口等她。

原来这就是我的新姐夫了，挺高大的，也挺腼腆，轮廓有点像陈坤，必须实事求是地说，算是帅气的了。

美杨子就是个挺倔的女人，她不喜欢油头粉面的同龄人，所以她真的就吸引到气味相投的另一半了。

我觉得真励志。

4

我研究生的时候在瑞士某大学的哲学系学习。

有一节课是讲“注意力法则”。

教授说有这样一种神奇的心理能量：如果你喜欢捕捉忧伤，最终你会成为一个善于忧伤的人；如果你喜欢捕捉快乐，最终你会成为一个善于快乐的人。

如果你的注意力在成功，你就会成功。

你的注意力在想要的爱情，你就会得到你要的爱情。

在变得厉害之前，先让我们的心态厉害起来。

我问美杨子：“四十岁之后这些年，你是怎么扛过逼婚、嘲笑和让你降低标准的种种的？”

美杨子说：“你想要富有，你就会富有。你想要爱情，你就会拥有爱情。如果连你自己都不相信，那生活也没有义务给你这些，它又不欠你的。”

父母说：“别老想那些没用的，我们是普通人家，我们就过普通的日子。”

老板说：“就你这种水平，你永远升不了职、加不了薪。”

同事说：“你都这么老了，四十多了，还不赶快把自己嫁出去。”

没关系，否定的声音越大，说明你的路越对。

最怕的是，别人说你不行，你就信以为真了。然后，他们就真的梦想成真了。

美杨子说她看了一本书，是欧洲最有名的财经畅销书作家费舍尔写的，书中写道：“要想心想事成，你要写成功日记。准备一个本子，每天写三到五条。没有人鼓励你，自己鼓励自己。哪怕是特别微不足道的，也要写下来。”

我问她：“你今天会写什么？”

她笑笑说：“我写的是：奥林匹克森林公园晨跑五公里；把六十平方米的家整理一遍；美美地午休，许久没有这么放松过了；和美丽的姑娘吃晚餐；最心爱的人接我回家。”

5

想起《欲望都市》里的一句话：站在高跟鞋上，我才能看见真正的世界，使脚不舒服的不是鞋子的高度，而是欲望。

所以，想想自己要成为什么样的人吧。

想要喝最烈的酒，约会最好的姑娘，嫁给最心仪的男士，想要让周围那些人说，他们错了，死磕到底的你是最对的、最牛的。

所谓的光辉岁月，并不在以后，而是在你最好的年纪，对于目标的坚持。

女人对男人最高级的吸引，是当他的解药

女人对于男人的吸引也是一样，当春药太辛苦了，你有办不完的健身卡和买不完的轻衣薄衫，还是当解药吧，解药是性格的互补和理性的吸引，更容易久处不厌。

1

最近好像挺流行说“××样的女人才是男人的春药”，标题很是耸动，但是我有点不太一样的看法。

说起来我认识一对关系特别好的夫妇，也是我觉得特别奇特的组合。

女生就称呼她为X小姐吧，她是亚洲Top50的大学里面

最年轻的副教授之一。

特点就是能聊天，哲学、历史、政治、经济，反正她的脑子里是无穷无尽的新鲜意识和态度，只要是和她吃饭，她一定是饭桌上的话题中心。

而且超级涨知识，跟她吃饭不仅在口才上自惭形秽，而且她在知识面上也能分分钟吊打我们这些人。

姑娘口才巨好，爱憎也很分明，喜欢就是喜欢，不喜欢直接说讨厌。

是家里战略决策的制定者，在家里指挥买房子的是她，指挥周末聚餐的是她，总之她看起来非常干净利索，强势到我觉得被她选中的男人应该是很幸福了，因为她既能赚钱养家，也能貌美如花。

她的先生高大帅气，在人堆里面你一眼就能看到他。

他总是陪她出席各种场合，饭桌上不爱说话，人多的时候静静陪在她身边，保持西装笔挺和儒雅微笑。

2

我刚认识他们的时候，以为X小姐的先生也就是长得帅没啥能力的老实人吧，没想到，人家的先生是外企高管，美国留学回来，也是根正苗红的青年才俊。

而且重要的是，他是我见过为数不多的话少但是话很有智慧的人。

那天在X小姐家里聚餐，我们就问X小姐老公他们的感情史。

难得在闹哄哄的环境下愿意说话的他说：“我以前觉得我不会喜欢她这个样子的，后来发现我只喜欢她这样的，别人说她强势，但是我觉得她是独立；别人说她幸运，可是我知道她也吃苦，反正……”

他没接着说，有点腼腆地笑。

那天聚餐结束得比较晚，我们这些人都留在他们家没走。晚上睡觉的时候，她把她先生赶到客厅沙发上去睡，我们几个女人躺在床上聊天。

我说：“你觉得你跟他在一起之后，有什么变化吗？”

X小姐想了想说：“变柔软了。我原来是个非常争强好胜的人，上高中的时候晚自习有人说话影响我学习，我直接骂过去，整个教室里面鸦雀无声，老师都知道我是暴脾气不敢惹我。”

我就笑。

她接着说：“其实我不是暴脾气，我就是较真儿，上课了就不能说话，该做好的事情就不要撒谎，这是原则。他认识我之前贪玩不喜欢回家，现在下了班就回来买菜做饭，我厉害吧！”

3

有个综艺叫《偶像来了》，节目组请了六七个不同年龄段的女明星。

刘嘉玲也参加节目了，其他女明星见到她很激动地说："嘉玲姐，我好羡慕你，你老公梁朝伟是我的男神！"

刘嘉玲就笑着说："你们看到的都是他光鲜的一面，可是我才是那个和他过日子的人，我是见过他全部不好的人。"

多数人爱他西装革履、他风度翩翩、他温文尔雅、他站在舞台中间。

可是没人看到他沉默不语、他郁郁寡欢。

他心情不好背着包就买张机票到伦敦广场喂鸽子，刘嘉玲却是那个要留在家里装修豪宅、缴水电费物业费的人。

女人们都想得到梁朝伟，可是梁朝伟却选择了刘嘉玲。

至于选择的原因，梁朝伟说了刘嘉玲的独特之处："她是我的解药。"

4

但凡感情好的夫妻，有一方一定是另一方的解药。

非常喜欢香港娱乐圈的另外一对夫妇，就是张智霖和他的太太袁咏仪，和X小姐先生的话有相似之处。

张智霖说："我当时认识她的时候，她大大咧咧的，像是个假小子，我觉得，我不会喜欢这样的女孩子吧，没想到到现在反而是我离不开她了。"

我想到当年胡适的感情也是这样的。

胡适当时是学术界万人迷，好多女学生都想扑倒他，但是他最后还是和乡下来的小脚太太江冬秀过了一辈子。

有人分析说是因为胡适喜欢结交，江冬秀又特别会做菜，宾客每次到胡适家吃饭，都夸胡太太做饭一流，胡适觉得特别有面子，所以离婚这件事情一拖再拖，也就这样过了一辈子了。

5

春药是一种刺激，但是解药和春药相比，更是一种长久的吸引，是一种舒服的关系。

前几周我在台北宣传新书，采访者看到我书里面讲情感的内容，就问我说："你心目中理想的感情是什么样子的？"

我说："我希望的感情是让我觉得松弛和舒服，就像是春天的午后沐浴在阳光里，或者像是夏天的傍晚那一口冰镇西瓜。"

我矫情的时候他不会抓狂，我想要软弱的时候他比我坚强。

女人对于男人的吸引也是一样，当春药太辛苦了，你有办不完的健身卡和买不完的轻衣薄衫，还是当解药吧，解药是性格的互补和理性的吸引，更容易久处不厌。

相看两不厌，唯有敬亭山。

好的感情，从来不会很辛苦。

互动社区：和正经婶儿聊聊天

1. 没有关系，没有背景，就该认命吗？

Q：没有背景，没有关系，没有手段，在国企待着很憋屈，但是又不敢离开。

周围都是关系户，每天打打杀杀，对我使唤来使唤去。我有点像是《欢乐颂》里面的关关，逆来顺受。但是我又跟她不同，如果被人欺负也就算了，可是他们现在的所作所为，简直让人不能得到片刻安宁。

工作了这么久，我也就是想得个平平安安，现在我连平安都快保不住了。

我该怎么办？

A：姑娘，没有背景，没有关系，又没有手段，但是你还能够进大家挤破头都想进入的央企，不得不说，你一定是个运气好的女孩。

你要么特别爱笑，要么学习能力很强，如果都不是，那么恭喜你，全凭运气就能走到今天，你是人群中的百分之一。

你感觉受了欺负，你感觉不受重视。

我告诉你，你现在换一家单位，你照样过不好。很多央企人浮于事，工作随便做做就好了，喝茶、看报、追视频。

你到了私企民企，你自己出来创业，同样被人欺负，而且被欺负得更惨。

而且你没有背景，斗你肯定比斗别人轻松得多，因为你不是他们的竞争对手。

所以你要有自己的认识，到哪儿都会有斗争。

如果你真的想改变，你一定抓住这个时间，有一份稳定的工作，工作不是很忙，提高自己的能力。有一天，你离开这里的时候，是你自己主动选择的，而不是被单位开掉。

这个时候，自己才能掌握自己的命运。

2. 年薪百万就比年薪十万的人更有价值吗?

Q：最近朋友圈有一篇文章讲年薪一百万和年薪十万的人的区别，所以说挣得多的人就比挣得少的人更厉害吗?

A：挣多少钱不能衡量一个人的价值，但是可以说明一个人的阅历。

挣钱这件事情，和明天是什么天气一样，有很大的偶然性。也就是说，不见得挣一百万的人，比挣十万的人更伟大。钱是社会记录一个人的通用标准，但是这个标准经常会记错。我们见过很多人，他们穷困潦倒一生，但是他们对这个社会做出了我们都难以企及的贡献。

但是实际点讲，就好像高考不是衡量人唯一的价值一样，至少在现在这个阶段，高考是最有效的筛选人的手段。如果你通过自己的努力能够在三年之内赚钱赚到一百万的话，当然是很好的，说明你的学习能力、沟通能力、人际交往能力和抗压能力，在同样起点的年轻人中是出类拔萃的，恭喜你。

不过我要提醒你的是，任何得到的都是失去。不是说你能得到一百万有多高兴，而是这些得到和失去相比，你能不能承受。

这些都是要思考的问题。

第二章

不要在最能吃苦的年纪，选择安逸

那些越少人走的路，越为你的美貌加分，你从不认输的努力，真的会从内到外，焕发出女战士一般倔强又迷人的气质。

同样都是二十多岁一无所有，贵人为什么帮她不帮你

真正的贵人在你表现出了这三种品质的时候，他们才会伸出援手。第一种就是努力；第二种就是好学；第三种就是热情。

1

今年年初的时候跟学弟吃饭，他觉得很有挫败感："我要申请国家留学基金委的名额公派出国留学，可是我导师不给我写推荐信。"

我觉得有点诧异："为什么？他是你导师啊。"

学弟皱皱眉头："因为我没有英语成绩，雅思和托福都

没考，三月份交材料，现在已经二月底了，时间太晚了。”

之后，导师是给他签字了，但是问题又来了，公派留学还需要有个接收人，就是你去留学，总得有人愿意接着吧。

他又去给接收学校的教授写信，对方学校的教授问了三个问题：“我的书你全部看过吗？英语考了几分？你对于来美国学习有什么打算？”

他被问得哑口无言，因为他没有好好准备啊。

英语成绩没来得及考，也就算了，关键是老教授已经八十多了，从五十年前就开始写论文和专著了，中英文著作摞起来一人多高了，怎么看得完？！

内心是这样想的，但是表面还是要恭恭敬敬的，说英语没来得及考试，老教授的书会慢慢看的。

教授见多识广，五十年的学界浸淫练得一双火眼金睛，看出来这是个假装很爱学习的学渣，想去美国公费旅游来着。

教授能同意吗？当然不能了，他要是对待学术这么随便，现在哪里会稳坐学术泰斗第一把交椅？

所以，教授很直白地拒绝了他：“我不能给你签字，等你了解我了再来找我吧。”

学弟见到我又抱怨：“上一届的学长也没有英语成绩，他不是也出国了吗？”

其实我很理解学弟的心情。

为什么他没有得到贵人相助，因为他没有达到被助的标准啊！

2

我在这里讨论的是真正的贵人，是帮助成长的，是慷慨给予机会的，不是送钱就办事的贵人。

那贵人会帮助什么样的年轻人？根据我的经验来看，会帮助三种人。

第一，拼命努力的人。

前段时间台湾有个短片，呼吁过来人去帮助年轻人完成梦想，叫作《Be A Giver》，这是一个以帮助年轻人为名的公益性质的社会运动。

短片里面出现了一个男生，他是台湾一所大学的大学生，喜欢音乐，会自己弹吉他作词作曲，他没有钱支持自己的爱好，就到西门町唱歌赚钱，每天就赚一些微薄的收入，但是他还是坚持着往前走。

父母觉得他这样不正经，让他趁年轻找个稳定工作，音乐这种事情，喜欢的人那么多，有几个能出头的？父子关系一度弄得很僵，双方心里都是一肚子怨气。

“BeAGiver”组织找到了这个追梦的年轻人，让歌手张洪量分享自己的故事给他听，张洪量说自己像他这么大的时候，也是个傻傻追求音乐的年轻人，从他身上看到了自己，看到了当年那个一根筋拼命往前冲的自己。

男生有一个梦想，想要在专业的录音棚里唱歌，录一首属于自己的歌。张洪量说：“好，我把录音棚借给你，这里面是价值好几百万的设备，你随意用，只要能做出你喜欢的歌。”

很惊喜对不对？但是，厉害的人这么忙，当然不会帮助所有人。

他们只会帮助最拼的、最努力的。

其实我也一样，一路走来也有很多人帮我。我在台湾当交换生的时候，一对教授夫妇很喜欢我，给了我很多帮助，带我去看演出，推荐我认识我喜欢的作家和名人，逢人就夸，夸到我都不好意思了，说他们最近认识一个大陆来的年轻人，很爱学习很努力，他们喜欢这种生命状态，所以要多多帮助她成长。

3

第二，有高贵目的的人。

这个说起来好像有点玄，但其实并不是。

真正在社会混出名堂的人，比如大企业的高管、知名教授、企业家或者公众人物等，他们知道，他们走到这一步是所为何事，不是因为苟且钻营，而是因为他们的初心。

他们见过太多爱走捷径的年轻人，他们知道什么样的品质才是珍贵的。

我最近有个朋友在做创业项目，其实说起来也没有那么高大上，就是对想要写作的人，进行写作培训，不管他们有没有基础。

同样开始创业的同学，在淘宝上卖围巾，已经可以做到一年千万级别的营业额了。可是他走过的每一步都很难。

他跟某知名高管讲了创业的困惑，那个已经很成功的人花了整整一下午的时间，听他的想法，提出意见，并且谈了进一步的合作。

“不要放弃，你一定不要放弃。每个人心里都有一扇窗户，但是因为没有时常拂拭，落满了灰尘，你在做的事情就是帮他们擦窗户，让他们看见真正的世界，这是一个高贵的事情，这是写作的意义，如果你放弃，就什么也没有了。”

他一天到晚这么忙，为什么抽出一下午时间，推掉所有的工作，单独辅导这一位年轻人？

高管先生说：“我在你身上花费的时间不少了，你应该懂我什么意思吧？”

因为这个年轻人不是在钻营，是真的在做事情，所以他才会帮助他，因为他和别的年轻人不一样，别人都是为自己，他心里真的装着整个社会的进步。

4

第三，有浇不灭的热情的人。

我好友在美国当访问学者，有个年轻人知道她是从中国来的，就问她各种关于中国的事情。

年轻人当然不知道她在中国是很有名的学者，但是那种求知的劲儿是装不出来的。

他说高中毕业，老爸送给他的生日礼物，是去长城或者环游欧洲。他毫不犹豫地选了去长城。

上大学的时候有机会出国做交换生，同学们都去欧洲，因为没有语言障碍，就算是去亚洲，也选择新加坡之类英语是第一语言的国家，但是他选了中国，有很多原因，最重要的就是发自内心的热爱。

他当时的中文很不流利，讲着蹩脚的中文，到处跟人聊天，去逛博物馆，半年之内故宫去了六次，还是觉得没有逛够。

现在他已经决定终身致力于对中国文化的研究了。

她帮助晚辈是很有标准的，对待这个年轻人，她说：“我会不遗余力地帮助他。”

这是很重的褒奖了。

5

我发现现在的年轻人对待未来有一种两极分化的趋势。

一种就是，我的命不好，谁也不帮我；一种就是，我觉得我命好，命里有贵人相助。

其实跟命好命不好无关。不是贵人不帮你，是你不值得他们伸出援手，是你的努力还达不到那个标准，或者你没有把心放正。

不要怨恨任何没有帮你的人，只是因为现在的你没有达到他帮你的标准罢了。

真正的贵人是用钱收买不来的，他们不缺钱，他们也看不起那些东西。

真正的贵人在你表现出了这三种品质的时候，他们才会伸出援手。

第一种就是努力；第二种就是好学；第三种就是热情。

有求知的欲望，有敢打敢拼的勇气。

这个世界上，努力的人是会获得更多机会的。

长相中等的女生，做对这八件事会越活越高级

一个人呈现出的所有状态，都是他的过去的总和。这只能代表他自己，最多，只能代表他的原生家庭，不代表任何组织、性别、地域和国家。

1

脸是最直观的裸体，请务必保持干净。

“脸是最赤裸的。我看一个人的脸，就知道那个人是怎么生活过来的。”这是日本摄影大师荒木经惟说的。

不说心灵美了，起码面儿上的整洁要保证吧。

一般来说，我们给别人形成第一印象的时间只有两秒。

伸出手，指甲全是脏东西，笑一下，牙齿上全是茶渍和烟渍，离你近一点一身的怪味儿，身上穿的衣服八成是刚从一堆没洗的衣服里面薅出来的佼佼者。

在抱怨没有人喜欢你之前，先想想，换作是你，会爱上这样的自己吗？

2

再便宜的衣服，也值得好好打理。

我搞不懂为什么高级的人都要穿黑白灰，然后每个人都要有一条小黑裙，还有一件上好的白衬衣，再加上紧身牛仔裤。

有些人就是穿不了紧身牛仔裤，像我，我无法用语言形容我这样行走的骨架，有多不适合白衬衣。

总之，找到自己的风格就好，美式的、日式的，甚至穿汉服，都是你的自由。但是不管穿什么，熨烫平整，Laundress的除皱喷雾还挺好的，可以买一瓶。

便宜的衣服容易起球，买一个毛球修剪器，记得及时搞掉，就OK。不要要求每个人都跟女版乔布斯似的，那该多无趣啊。

3

舍弃山寨，注重品质。

那天我跟朋友逛街，她背了一个Prada小链条包，在某宝花五百块钱买的，店家声称是正品，但是才背了一个月五金就掉颜色了。

我们要去逛Prada，快走到门口时她突然不走了。

我就问她怎么了，她就说这包八成是假的，不好意思背着进店。

她绝对有买正品的实力，就是当时下单的时候贪图便宜。

所以买假货的问题不是钱，也不是质量问题，最大的问题就在于它给你不自信感，让你总是琢磨这事儿不对，一琢磨自己就心虚了，没有任何购物的快乐可言。

所以还是别买仿的，一点点铜板都不值。

4

所有的基础保养都是保湿，贵的不代表是对的。

这话不是我说的。我也是在护肤道路上种草又拔草的人，花的碎银子和现大洋海了去，现在算是找到点方向。

这话是国内知名的护肤仪器公司的老板，在席间吃饭的时候跟我说的。

擦保养品去皱美白是个伪命题，做好清洁，多多补水。保湿做好了，皮肤自然会好。

我是干性皮肤，补水会用玫瑰纯露，各种精华液也是心头爱。

我前几年自己捣鼓过DIY护肤品，手工皂、凝胶、保湿乳、唇膏，我都自己做过，化妆品的基础成分就是那么多，植物油、水、乳化剂之类的。

所以有些牌子贵，可能贵在它用料纯天然，可是大部分的牌子贵也就是贵在代言费和广告费上了。

不要太迷恋价格，适合的才是最重要的。

5

培养良好的体态，没有人要求我们的时候，自己要求自己。

站有站相，坐有坐相。

有女生喜欢叉着腿坐或在椅子上葛优瘫，尤其是夏天，一进办公室那画面简直不忍直视。

男生也一样，不抖腿不脱鞋，手指甲要剪，脚指甲也要剪，这都是最基本的礼貌。

6

和不以交往为前提的暧昧保持距离。

如果你看出一个男生对你有意思，你又对他没意思，最好保持最普通朋友的距离。

不要主动约他去逛街，不要单独约他去博物馆，不要对着他倾诉和哭泣，哪怕你是再孤单再想家再空虚寂寞冷。

因为没有人会无缘无故对你好，每个人都很忙。

所有的帮忙都是有目的的，因为他答应你是出于好感，而你不过是出于没有安全感。所以不喜勿撩是美德，不然最后搞得大家都难看。

这种事我见得比较多，备胎根本就没有转正的可能，但是女神在自己寻找真爱的路上没事就撩，撩完就跑，备胎最后落了张金光闪闪的好人卡，心里还挺气。女神还特无辜：“男女之间就没有纯洁的友谊吗？”

7

不要给别人贴标签，永远，永远。

不要说河南人都是骗子，上海人都爱计较，北京人都是大爷，蒙古人都骑马上学。这除了暴露你的无知，别无他用。

一个人呈现出的所有状态，都是他的过去的总和。

这只能代表他自己，最多，只能代表他的原生家庭，不代表任何组织、性别、地域和国家。

当你批判一个人的时候，要记住，并非所有人都有你这样优越的条件。

再温良恭俭让的地方都有骗子，说中国人爱横穿马路，我在欧洲看到乱穿马路的人不比我大中国少，尤其以东欧为甚；说中国人不守规矩，上次我亲眼见到新加坡学生在瑞士坐公交车逃票，被抓到之后，可怜巴巴地比画说自己是Chinese，不会讲英文，求警察叔叔饶命。

英语是新加坡的第一语言，别提说得有多溜了，中文才是外语呢好吗？

我咋知道？因为我俩是同一个年级的，还吃过她做的海南鸡饭呢。

8

降低说“随便”的频率。

很多人从很小开始，就习惯了家人帮其做决定。

“咱们中午吃什么？”

“随便！”

奶奶会为你烧上一桌可口的大餐，堪比满汉全席。

“宝贝，中午想吃什么？”男朋友这样问你。

“随便！”

丢给你一个杂粮馒头，专治随便病！

所以奶茶店会有一种奶茶，叫作“随便”，据说买的人很多。

不要把决定权交到别人手里，不要随随便便就放弃思考能力，久而久之脑袋就不好使了。下次改成“我想吃麻辣香锅”“我想去看电影”“我要看书不能出门”吧，你的人生会变得清爽很多的。

努力这种美好品质，千金不换

你可以起点低，你可以不怎么样，但是你一定要努力。你跑得要快，姿势要帅。即便是跌倒了，也要快速爬起来。

1

现在的明星或者是网红都喜欢把自己捯饬得跟同一家医院里面出来的似的，锥子脸一低头就戳到自己胸口，欧式大平行能夹死蚊子，直入云霄的山根让人以为是八国混血，肿胀的苹果肌在诉说着一个昂贵的故事。

所以最近看了一张网红结婚众网红道贺的照片，她们是很美，美得让人觉得茫然。

难怪有些人常常怀念二十年前的港片、三十年前的琼瑶剧了，那个时候的美人，美得各有特色，你不会把林青霞认成王祖贤，也不会把陈德容认成蒋勤勤。

所以有时候我们怀念那个年代的美人，不是怀念她们的各具形态纯天然，而是在怀念她们的辨识度。

导演李安接受了不少媒体的采访，记者问道：“女演员这么多，为什么《色·戒》的女主角偏偏选了汤唯？”毕竟在那个时候，汤唯只是一个年纪偏大的没有后台也没有拿得出手的作品的小演员。

李安说：“我看到她的时候，觉得她一身正气，很像革命女战士。她不是最漂亮的，但是她眼睛很干净，没有太多欲望，像是我们父辈的人。看她听戏的眼神，我就知道她是王佳芝。”

他还谈到自己选角色的标准：光是长得标致还不够，要动人，机器捕捉到她的时候，光打到脸上的时候，要有一种神采。

汤唯的光彩照人来自于她的努力，来自于透过她的长相看到她内在灵魂的样子。

2

最近连刷了几集《金星秀》，看到现在已经很有名的明星，说她们二三十岁奋斗的样子，依然有很多感触。

贾玲从中央戏剧学院毕业之后，在北京跟别人合租六年。朋友去她的房间，说她的屋子小到猫咪在她的屋里面摇尾巴都是上下摇晃，因为左右摇晃根本就摆不开。

闫妮说她跑了十几年的龙套，后来才能遇到“佟掌柜”这样的角色。

她们取得成功的时间点不同，但有一点一样，年轻的时候有个低谷期。

我见过有很多人守着家大业大，最后一无所有；也见过很多人最开始一无所有，但是从泥沼中奋起。

我们的祖辈年轻的时候很穷，我们的父辈年轻的时候很穷，我们年轻的有时候也在抱怨自己很穷。

他们的穷是因为物质贫瘠，我们的穷是因为想要太多、得到太少。一个时代有一个时代的残酷，痛苦和痛苦难以比较。

重要的是，如果你想要更加丰盛的人生，就像是富兰克林所说，我也相信的那样：我从未见过一个早起、勤奋、谨慎、诚实的人抱怨命运不好；良好的品格、优良的习惯、坚强的意志，是不会被所谓的命运击败的。

女孩子为什么要努力？因为年轻时候的努力，真的会磨炼出很好的品质。

首先，你会更加勤奋和自律。因为如果不是这样的品质，你难以坚持下来。

其次，你会更加明白有所成就的意义。我们今天这么努力，现在看来可能是为了La Mer的套装，为了限量版的口红，为了旅行，为了去换车子换房子，为了一些物质的、虚荣的东西。

但是当你回望过去，你会知道，你今天的成就，是为了更多地帮助他人，那些也有一个迷茫、无聊、不怎么样的二十五岁的年轻人，看到他就好像看到年轻的自己。

帮助那些拼命挣扎只是为了活着的人，那些只要拉他一把，就能咸鱼翻生的人。

最后，年轻时的努力会成为老来的美好回忆。没有这些，老了之后的你该是个多无趣的人啊，饭桌上的谈资都没有。

3

年轻时候的努力是最好的增值期。这个年轻的阶段可能是二十多岁、三十多岁、四十多岁，每个人的情况不同、起点不同。

你可以起点低，你可以不怎么样，但是你一定要努力。你跑得要快，姿势要帅。即便是跌倒了，也要快速爬起来。

趁年轻，选择那条最难的路。

把年轻时候的苦难变成一种启蒙，因为我一直相信，生命中所有的安排，都是祝福而不是惩罚。

如果你把它们当成是惩罚，就真的会变成惩罚；而如果你把它们当成是祝福，那就真的会成为你的祝福，守护你走更远的路。

这条路很苦，是宿舍的人都在看韩剧的时候，你一个人走在去图书馆的路上；是大家都躺着聊天敷面膜的时候，你挤地铁去实习；是大家都觉得没什么希望的时候，都觉得自己做不成任何事情的时候，都觉得人生就这样了，让父母给安排个工作挺好的时候，你为了心中的目标拼命努力。

听过太多的贵人相助的事情，贵人能力有限、时间有限、机会有限，最后都是帮助了那个最努力、最让他们记住、最契合他们心目中优秀品质的年轻人。

努力和坚持努力，是让人脱颖而出的条件之一，不管是在什么样不靠谱的事情上坚持，只要时间够久，总会有回报。

我大学时候的同学，一直经营一家淘宝店，当时我们都觉得不靠谱，现在她的淘宝店生意非常红火。

并不是她赚了多少钱值得羡慕，而是她不懈怠地做一件事情本身，给她带来了超额回报，她自己也很喜欢自己现在的状态，每天都有进步，有新的挑战。

那些越少人走的路，越为你的美貌加分，你从不认输的努力，真的会从内到外，焕发出女战士一般倔强又迷人的气质。

这个世界上漂亮的人很多，能让人记住的很少；美貌的很多，耐看的很少。

聪明的人很多，愿意在一件事情上持久努力的人很少，所有人都想要拼命走捷径，拼爹、拼丈母娘、拼年轻、拼运气，真正选择那条最难的路走的，很少。

在这个虎狼社会，僧多粥少，岌岌可危，努力这种美好品质，千金不换。

没有人会看不起你，除了你自己

女生喜不喜欢你，不取决于你生在什么样的家庭、你是谁以及是什么专业，而取决于你表现出来的专注度，和你所展现出来的成就。

1

因为想培养点闲暇时的爱好，所以我在台北的大同社区大学报了一门素描课。

之所以报名社区大学是因为上课时间是晚上七点到九点，和我的时间比较合，另外一个比较现实的原因就是社区大学的学习费用比较便宜。

我去上课的时候课程已经进行两堂了，到了教室先告诉老师我的名字，他个子不高，年近七十，精气神很足，一听我的口音就说："你是从大陆来的？"

他明察秋毫的听觉让我稍微有点吃惊，我说："是。"

让我更吃惊的事在后面，他说："我最讨厌你们大陆来的。早在几十年前，他们就请我去大陆讲课，当时还没有新东方这些学校哦，但是我都没去。"

我当然没有傻到问他为什么没去，我拿出纸和笔，找个座位乖乖听课，反正钱我是交了，再恨我也不能把我赶出去吧。

我知道他不喜欢我，但是这不能成为我讨厌他的理由。我只是觉得他在防备着什么，好像我会骗他，捞他的钱，或者让他心里难过。但是我有问题还是很有礼貌地请教他，有一次因为有事缺课，我还到他在和平西路的工作室拜访他，找他补课。

老先生那天挺高兴，三个小时的时间指点得认真仔细，夸我谦虚又认真。我当时就有点儿不知所措了，明明第一次见面时的感觉跟阶级敌人似的。

他说自己年轻的时候在日本留学，同班有位女生是东北来的，两个人有一段感情，后来发生了一些不可描述的事情，老先生感觉自己被骗了，一生未婚，从此之后对大陆的女生都耿耿于怀。

"但是你跟他们不一样，你勤奋又善良，你趁在台湾的时候多学点，"他强调道，"回去之后你就厉害了，又会念书，还会写文章，连画画都会，星期天的时候去卖卖画，还能赚外快，多好！”

他还很认真地帮我规划人生，我坐在他陈旧的藤椅上，喝着茶傻乐。

再年轻一点的时候，我经常会因为别人不喜欢我，而默默找出很多种原因。比如我的北方口音或者是我长得不好看，等等。

后来我发现其实他并不是讨厌你，他只是讨厌不真诚和被欺骗。

所以对于那些素未谋面就对我很不友好的人，我从来不会为我从哪里来和我是谁而感到自卑，他如果不喜欢你，只是不喜欢你这个人。

2

有位读者给我留言说自己是一个哲学系的男生，觉得学哲学的男生有种永恒的悲伤——就是找不到好工作，约不到好妹子。

女生也觉得他们不能挣钱；不能挣钱也就算了，关键是还无趣；无趣也就算了，还特愤青，特反社会，觉得全世界都是瞎子，就他们最厉害。

虽然有这样那样的问题，但是，他表示自己和同专业的男生一样都已经很努力了。这个社会就是如此现实，这个社会的女子就是如此崩坏，真是生不逢时，希望孔老夫子和康德大哥把自己解救，离开这个是非之地，求得一片天清地明。

“我这个专业，真是不咋样，不如法律和金融。”

“现在的女生是不是就是这么势利？她们只喜欢钱。”

他愤愤地说。

其实乍看起来，这个社会确实存在着好学科和坏学科，就像是这个社会上存在着好工作和坏工作一样。但是真正的问题，不是分出表面的好坏，真正的问题是你有多么真诚地对待你这个专业。

大部分处于比较差的学科里面的人，不是这个学科比较差，而是他对于这个学科不够认真，每天就会叨叨，说这不好那不好。

你问他上课在干吗，他说在睡觉啊。

下课干吗？几点起床？要么是打游戏烧装备，要么宅在宿舍看《微微一笑很倾城》，意淫说要是有杨洋那么帅，就不用打开微信摇一摇了。

所以这种人整天就生活在对这个专业的抱怨中，不然呢？拜托，成功又不是小姐，叫一下就来？

觉得命运把你分在了这个学科，就跟着这个学科随波逐流。实际上，哲学也没学好，康德和黑格尔都傻傻分不清楚，谁要你？

每个人在某一个时段，可能没有选择自己专业的权利，比如你只是考上了大专、三本，或者你考上了人大，但是你还心心念念北大。

但是一定有选择自己人生的权利。实在是受不了哲学的叽叽歪歪，在大学就可以转专业；再不行，考研究生总可以吧？跨专业是难，但是在这个年代，绝没有难到不可能那个份儿上。实在不喜欢读书，就利用课余时间去旅行、去兼职、去长见识也行啊。

这个世界上，没有任何一件事情是为了为难我们本身而专门设立的。

很多人都是通过人生的几级跳，实现了自己的理想。

比如张艺谋，他一开始就是被分配到了西安棉纺厂当纺织工人。如果他觉得自己待在这里没有什么希望，就只能像是囚徒一样，一辈子待在这里。可是他展现了自己的勤奋，展现了自己的热情，他很努力地进取，从中国导演变成世界知名导演，创造自己的人生巅峰，创造了属于自己的风格，还和巩俐女皇有过一段青春灿烂的日子呢。

很多学历史的，一样也很有成就，比如去世的钱锺书先生，他就是学历史的，有位深爱他的太太叫杨绛。

这个世界上没有人会看不起你的专业，只有你自己会看不起你自己。

女生喜不喜欢你，不取决于你生在什么样的家庭、你是谁以及是什么专业，而取决于你表现出来的专注度，和你所展现出来的成就。

她不是不喜欢你的专业，只是不喜欢你懒惰、抱怨、沉沦，不喜欢你的空洞、闭塞，又总是装作太聪明。

毫无外在的内在，也是一种浅薄

毫无外在的内在也是一种浅薄。因为没有人有义务透过连你本人都毫不在意的外表，去发现你优秀的内在。

1

那天和从事社会学研究的朋友聊天，他说了一个很有意思的观点，就是未来的十年二十年，甚至更长的时间，颜值在综合竞争力当中占比会越来越大。

大学扩招，中产阶级家庭增多，越来越多的人有大学文凭、研究生文凭，甚至是博士文凭，海归现在也不是稀奇事，在这些条件都差不多的情况下，面试当中优先被录取的当然是看起来顺眼的。

同样是逻辑思维能力强、表达能力好、办公软件熟练、都当过学生干部、对未来有明确的规划，在不拼爹的前提下，那当然会选颜值高并且看起来不邋遢的候选人。

我的朋友就是因为长得高大帅气，进了公司的品牌宣传部。副总面试的时候表示，小伙子形象不错，以后就是我们部门的门面了。

颜值带来的好处，简直是一目了然。

“钱不是万能的”是有钱人千帆过尽后说的；“努力也不一定能成功，还有时机和历史环境”是成功者的谦辞；“胖一点也好，看起来有福气”是瘦子的口气；“颜值高看起来顺眼有什么用”把自己捯饬好的人才有资格说这个话。

没有拥有这些东西的人是不能这样说的，连相信都不可以。

2

“小女孩穿那么好看干吗？学习好才是最重要的！”

爸妈没时间管我，从小跟外婆外公长大。从那个吃饱就行、审美无能的年代劫后余生的长辈，对于下一代小女子的期望就是穿啥不重要，吃饱就行，学好就成。

很少买衣服，一年四季穿的都是我外婆的爱心牌高级定制。我那作为街道时尚老司机的外婆，春天的时候会戴上老花镜，踩着凤凰牌缝纫机，给我做一条灰土布的裤子，原因是耐脏好洗。

夏天的时候又忙着赶制秋冬高定，把我妈或者是我姨穿不上的棉袄给修改一下，主要作用是低调，穿花棉袄太显眼容易被偷小孩的抓走……还有必须要御寒，美观什么的完全不在考虑范围之内。

带着父母和外婆外公真诚的祝福，我考上了大学，发现大学跟我以前的认知完全不一样，是个略微看脸的世界。

军训的时候，长得漂亮的女生皱皱眉头撒撒娇，教官就说她们可以一边休息去了，长得丑且嘴不甜的我们在太阳底下暴晒，最后军训结束，脸被晒得亲妈都快不认识了。

长得好看的班花，是山东和上海“混血儿”，遗传了山东老爸的好身材大长腿，继承了上海老妈的精致脸庞和优秀品位，混得好脸蛋好身材，直接作为领队带着我们参加广播操比赛，因为是领队所以获得更多的课外学分，因为获得更多的课外学分所以拿到了一等奖学金，因为拿到了一等奖学金所以履历金光闪闪。综上所述，毕业的时候，她是我们班第一个找到工作的。

外表美和心灵美一点也不冲突，上大学的时候我才恍然大悟。

长得好看会收拾，就是有优势，就像是有钱人在恋爱市场上更抢手、有能力的人在工作中总能有更多的机会一样，优势就是优势，爹妈给的，不分三六九等。

如果以后我有了女儿，我一定会告诉她说，我承认活得漂亮是本事，但是我也要说长得好看是优势。如果你有这种优势，别人愿意给你更多的机会，有好看的男生愿意来跟你聊天，自然而然地接受就好了，别苦大仇深地觉得非要从基层做起，干吗让自己那么累呢？

3

我有个表弟，二十五岁了，从来就没有过女朋友。

他在摆脱单身的路上也是斗智斗勇，比如小心翼翼给有好感的女生点赞，约可爱的女生出去喝茶，为了展现出自己靠谱好青年的一面，每次都把功课做到尽善尽美——从哪里出发，坐地铁几号线，到哪里吃饭，从来不让姑娘走冤枉路。

每次约出去玩的姑娘都对他印象很好，整个过程也是相谈甚欢，只是回来之后给姑娘发微信，总是被笑眯眯地发一张好人卡：晚会儿再聊，我洗澡去了！

女生说她去洗澡了，基本上就没有然后了。

我不是说所有人都是看脸的，但是他的问题出在哪里？就是出在他邋里邋遢的外表啊。

差不多一米八的个子，也不知道减肥，每天出门就是背个小挎包，穿一件条纹T恤，运动鞋不知道是什么牌子的，鞋底都开线了，走起路来一歪一歪的。

自带羞涩感。跟妹子说一会儿话就紧张，一紧张就流汗，一流汗就从裤兜里掏出一块方格子手绢，浓浓的离休老干部风，抹一把脸再揣回裤兜里，再紧张，再抹汗，亦复如是。

如果是早上见他，他从不迟到，但是一定是捧着两个还冒着热气的肉包子在啃，含着一嘴包子皮一脸诚恳地问你：“你吃饭了吗？我还有一个素包子可以给你。”

这是个第一印象的建立只要两秒钟的世界，换言之，如果在这两秒钟之内没有建立起良好印象，那也就基本上没有第二次机会了。

他问我：“怎么办？”

我说我夜观天象，算了一卦，神曰：“你命缺桃花，该勤跑步，多减肥。”

4

强调外表不重要是人类有史以来最大的阴谋之一，至今仍旧在腐蚀无知群众的大脑。

他们强调内在美比外在美更重要，可是我们总是第一关就被外在美比下去，根本就没有和他们比内在美的机会。无数事实告诉我们，说外在美没用是扯犊子，整齐严肃、眉眼干净、长相出众的人，总是能得到更多的机会。

如果你想足够有竞争力，获得更多机会，觉得这个世界充满了善意，就要学会重视自己的皮囊。

别仙风道骨地说皮囊不重要，臭气熏天，这话是圣人说的。先入世，再出世；先修行，再修仙，都来得及。

学会选择自己适合的衣服，仪态端庄，举止得体。女生学学化妆，男生出门前也照照镜子，别头皮屑掉得都快“发如雪”了，还什么也不知道。

长得不美不帅没关系，挺胸抬头总能做到吧。去买几件正式的衣服，哪怕是再憋屈再不舒服，也要穿，穿正装显精神。

老祖宗的规矩，上朝穿朝服，居闲穿便服，祭祀不花红柳绿，节日热情洋溢，各有各的理。

分清楚工作、待客、约会、休闲——适当的正式，得体的休闲，不要每时每刻都放飞自己。同样一身T恤短裤穿在马云的身上就是成功人士的惬意和苍劲，是匠心独运的骄傲和喜悦，穿在我等身上就是不尊重人和放飞自我。

待人和气，真诚，常常微笑。相由心生是有道理的。

我们的人生本来就是内在要求和外在条件共同选择的路途。

还是那句老话：毫无外在的内在也是一种浅薄。因为没有人有义务透过连你本人都毫不在意的外表，去发现你优秀的内在。

人类最终会发展到越来越成为以貌取人的社会，至于其他的，皆是修行。

在家里情商低的人，趁早绝交

不要以为别人对你好，都是理所当然。别消耗了别人对你的好，反过头来又深深后悔。

1

最快打消我对一个人的好感的方式是什么？

就是在外人面前装好老板、好员工、老好人或者二十四孝男友或者女友，回到家之后就变得情商巨低，连伪装一下、嘴巴甜一点都不肯。

这几天在外地出差，到许久不联系的亲戚家做客，因为之前打过招呼，说会带点薄礼过去。

亲戚的妈妈很热情，晚上一定要留我在她家吃饭。

我先到她家，老太太七十多岁，已经在厨房里面忙里忙外了。

晚上快八点，亲戚开门回来了，她妈妈看见她回来，眼睛一亮，说："好了，人都到齐了，我可以炒菜了，不然菜容易凉。"

过了二十分钟的样子，热腾腾的菜端上餐桌。

老太太厨艺了得，会做菜合子。

女儿咬了一口，啧了一声，摇摇头，说："你是不是没放盐？真难吃。"

老太太正准备给她夹菜，筷子悬在半空中没下去，几秒钟之后回过神来，说："是，上回你说吃盐多不好，我就少放了点盐，你再吃点？我用的都是咱们家种的菜，都没打农药……"

女儿摆摆手，拿起遥控器换台："不吃了，还不如在外面吃饭呢。"

老太太表情有点失落，她看我正吃着，笑眯眯地说："你们年轻人现在吃得好了，什么都能买到，我做饭做了一辈子，真是不如外面的外卖好吃？"

我正吃着绿色无公害的茴香菜合子满口留香，超开心呢，老太太这么说自己的厨艺也太谦虚了吧。

"好吃啊，我们常年在外吃饭，吃到家里的饭都觉得特别好吃。"我说道。

老太太高兴了，本来刚才眼睛里面幸福的小火苗都熄灭了，现在又稍稍被我的话点着了。

她把椅子往我这边挪了挪，很认真地说："你不知道啊，我知道你们要来吃饭，上午就到菜市场买鸡蛋，中午开始和面，在我们家后院摘小茴香，把馅拌好让它入味，刚刚才做出来的，这种趁热吃才好吃。"

这时候女儿接了个电话，边说话边站起来往外走，应该是单位打来的："哎哎，领导，对对对，不忙，您说您说……"

不知道领导能不能看到她在电话这头满脸堆笑？

我们总是容易把家人对我们的好当作理所当然。

不要以为情商就是出门给外人做做样子，显得自己得体又高级。

没有人天生应该给你做饭，闲得没事提醒你加衣。如果他们这么做了，都是因为爱。可是有些人，连用一点点善意的语言去关爱家人都不愿意。

对家人的态度见人品，我一直是这样认为的。

2

情商低还体现在，他们往往不懂得温柔地对待。

我第一次跟团出国旅行的时候，特兴奋。

我一路都盘算着给我爸我妈带点什么，给姑姑婶婶等等带点什么。

出去旅游费劲巴拉地给每个人都带了小礼物和小点心。

别看这些东西便宜，但是又挺占地方，尤其是真空包装，简直是要了老命了。

回去之后被各种嫌弃，带的点心碎了，小礼物显得便宜了，仔细一看是“Made in China”，我被群嘲了。

还有的说，你带这些东西干吗？门口屈臣氏就有。

只有我的姥姥、我妈她们拿着我给的点心吃得津津有味。

我姥姥说：“我知道啊，你为了带这些零碎的破玩意儿，少给自己买了多少东西，赶飞机、换地铁、转公交运回来，你辛苦了。”

其实我就是想要收到一个热情的回应。这个真好吃，小礼物好可爱，面膜真好我刚好需要！

对家人也要记得说谢谢，因为真是一颗红心不求回报。

从此之后，我只给我认为特别重要，也认为我的给予重要的人带礼物。

东野圭吾说得特别好：“人与人之间情断义绝，并不需要什么具体的理由。就算表面上有，也很可能只是心离开的结果，事后才编造出的借口而已。因为倘若心没有离开，当将会导致关系破裂的事态发生时，理应有人努力去挽救。如果没有，说明其实关系早已破裂。”

3

在家庭里面，情商低的重要表现就是，认为亲子关系高于夫妻关系，所以产生了无尽的隔阂和谩骂。

有人因此而疏远，有的夫妻因此恩断义绝……

我曾经接触到一个自闭症孩子的家长群体。有位女士说，她的儿子生病之后，除了给孩子看病的压力之外，还有老公的指责。

自从孩子生病，老公表现得比她还脆弱。

说孩子生病就是因为她是高龄产妇，说她身体不好。

这位女士为了给儿子找到治疗的方法，到国外考察。

她发现同样是自闭症患儿的父母，那些夫妻会握着彼此的手说："亲爱的，谢谢你，幸亏我们还有彼此。"

可是到她这里，就是无尽的指责和谩骂，好像孩子不好了，夫妻关系也完蛋了。

那既然是这样，还不如把老公"断舍离"了。

4

史铁生曾经说，他自己生病期间，还对于自己患有肝病的妈妈指责、刁难、冷暴力，感觉到无比后悔。

后来妈妈即便是口吐鲜血，心里还是最惦记他。

他曾说："这倔强只留给我痛悔，丝毫没有骄傲。我真想告诉所有长大了的男孩子，千万不要跟母亲来这一套，我已经懂了，可是来不及了。"

家人都处不好，扯什么高情商？

练习控制情绪，不要把工作上的不开心带回家撒气。学会欣赏和赞美，嘴巴那么毒的人心里一定很苦。

别以为自己在外牛就了不起，你回到家之后，是老公、老婆、女儿、儿子和孙子、孙女。你不是苏处长、张教授、刘总裁。

收起官场和工作中行尸走肉那一套，这个家里，谁付出多，谁说了算。

记得大小节日，记得打电话。

不要以为别人对你好，都是理所当然。

别消耗了别人对你的好，反过头来又深深后悔。

每个活得精彩的女生都需要匠人精神

认真做事的人头顶天堂，不认真做事情的人脚踩地狱。

1

我在香港转机。第一次到香港机场，找不到值机柜台，有个蓝眼睛高鼻梁的老外，跟我一样也是一脸茫然，他看到两位穿制服的年轻的工作人员，就过去询问。我发现同类了，我也跟在他后面，站等。

工作人员是一男一女，跟老外客客气气地解释，结束了还以“This way”“please”为谈话画上圆满的句号，完事还欠身目送离开。

轮到我的时候，个子高高的年轻人拿我的护照翻了翻，用不熟练的普通话跟我说：“走错了走错了，不在这里！”

我还以为我听错了，为啥前面都是柔情蜜意，到我这儿就变成疾风骤雨了呢？而且我知道我走错了，关键是正确的路在哪里啊？

那我还得继续追问啊，年轻人不耐烦地往后一指，意思是，就在你背后啊你是不是傻？

当时我就有点“方”，算了，这么可怕，还是自己找吧。

本来以为这就是完事了，没想到过了一会儿，我又被“怼”了。

其实特简单，我要过关，把护照递给里面的工作人员，是个剑眉大眼的小哥，小分头梳得一丝不苟，长得还挺像TVB演员的。

正当我在琢磨帅哥的五官，觉得他长得真不错的时候，隔着柜台的玻璃，他开始有点烦躁了，一声不吭地拿着我的护照翻来翻去，翻了半天，问我说：“没有出境的章啊，你是怎么出来的？”

我想了想，估计是盖在通行证上面，赶紧递进去。

他简单一翻，就找到自己要的章了。找到了就放人嘛，结果这位“TVB大哥”还数落上我了，意思就是怎么不早拿出来之类的。

然后又用广东话自言自语，最后真来劲了，叫来穿着警服的工作人员，把我的护照通行证拿走查验，我愣是在窗口站了二十分钟。

您要是说我做了什么也行，比如我是大声喧哗了，我是插队歪队了，还是随地吐痰乱扔果皮纸屑污染了这上有天堂下有机场的仙境了，还是我携带私货触犯法律了，您用白眼惩罚我，用鼻孔藐视我，批评教育这我都接受，关键是我啥事也没干，就是个有点二了吧唧的小民，虽是有点缺心眼，但也真是量刑过重啊！

行李也托运了，反正闲着也是闲着。被官大人罚站，但是我只能做有心人，自己找乐子了。

不是说所有的年轻人，仅仅指我用肉眼看到的小范围之内，这里的工作人员很有意思，以年轻人居多，特喜欢以貌取人，但凡您长着蓝眼睛大鼻子，那就一定是贵宾，是好人，毕恭毕敬，多语种服务。

您要是手里拿着美国护照，我的妈，那了不起，太可怕了，那就是VIP，让您感到宾至如归的温暖，临走的时候还送上一句“喜欢您来，喜欢您再来”，用尽我全部的力气，以结永世之欢心。

但如果你是黑眼睛黄皮肤的龙的传人，你脱口而出的口音就是你的阶级和待遇，等着接受十万吨的冷漠暴击吧！没有什么特别的原因，老子就是不喜欢你！

看自己心情，把人以类聚，很开心吗？真的是没有一点敬业精神可言。

2

同样都是服务业，我很喜欢观察台湾人是怎么做的。

是不是接待白种人就更热情，对自己人就特不上心？

我到赛百味买三明治，长长的队伍里面，有本地人，有蓝眼睛高鼻子的外国人，有韩国人和日本人，他们的态度都是一样的。

“请问你要什么面包？”

“巴马干酪。”

“几寸的呢？”

“六寸的。”

“吃什么？”

“辣味鸡肉。”

“酱要什么，菜都要吗？”

“总共一百五十块，谢谢！给您发票。”

一视同仁，没有谁比谁笑得更真诚，没有谁应该比谁更高级。欢迎光临的笑是一样的，欢迎再来的笑也是一样的。

我坐公交车，司机大哥对所有的人都说谢谢，不管你是什么身份、什么年纪，对弱者特别照顾。如果你是坐轮椅的残疾人或者腿力不佳的老年人，就在后门等上车，没有关系，司机会把车停好，然后把后门的小斜坡梯放下来，帮你把轮椅推上去。

那天我和一个老师聊天，我说我特别喜欢台湾社会的这一点。

他说很简单啊，这就叫作职人精神。“职人”本来是日本的一个词，引申的含义就是对于职业负责任的态度。这个负责任的态度里面包括你对自己自律，对他人尊重。

3

其实我们都是职人，都是这个世界的手艺人。

医生、老师、媒体人、学生，各有各的手艺，各有各的坚持。你不能因为他是市长就认真给他看病，他是农民就不值得你花费心思。

真正的职人精神，一切都是认真的，要做到最好。

现在是一个浮躁的时代，演员不好好演戏，歌手没那么喜欢唱歌，学生不务正业反而哭着说自己找不到工作，农民用催熟剂又怪自己养的猪卖不出去。

电影再烂也能卖出好价钱，歌手上个综艺也能洗白。创新比吃屎还难，抄袭比拉屎还容易，整个社会就压抑在巨大的泡沫里面，拿针一戳就破。

虽然现状令人悲观，但我始终相信，最基本的都做不好，是走不了太远的。

你很难想象在工作中都不认真、欺上瞒下、见人说人话、见鬼说鬼话的人，是一个好丈夫、好爸爸；你也很难想象一个连自己的患者都坑骗的医生，是一个情绪稳定、心理成熟、三观正直的人。

我不相信人的皮相和骨相还可以分离。我始终相信，社会的美、城市的美，是由一群温柔敦厚、有职业坚持的人创造的。我也相信真正达成自己愿望的人，是在工作中认真、在生活中自律、对所有的同类都包含温暖和热爱的人才能做到的。

4

手艺人已经是稀有，认真又是一个失落已久的良好品质，最近才让我们充满怀念。

现在我们都在说，你要快，你要加油，你来不及了。

可是你走得那么快，真的走了很远吗？你赚了很多钱，你心安理得吗？

我没有见过一个不热爱自己的工作、工作的时候又不认真的人，走得太远。

我爸是个医生，他是特别认真的医生，有的医生给病人消毒，简简单单擦一下就好，反正你们也不懂，简单消一下毒也没多大关系，因为医疗材料的耗损也是记在每月的支出里面的。

他每次都要用一袋新的棉签，蘸碘酒画圈消毒，蘸酒精画圈消毒，光是消毒纱布棉签用一大堆。病人也能感觉到他的认真，所以他一直有很好的口碑，不过是三线城市的普通医生，全国各地都有人来找他看病。

他还有个同事，做手术做得特别猛，有时候一天做好几台手术，赚很多钱。可是据我所知，找上门来索赔的家属也很多。

认真做事的人头顶天堂，不认真做事情的人脚踩地狱。

互动社区：和正经婶儿聊聊天

1. 大学生该不该出去实习?

Q：我是一个大四学生，我们班很多同学都出去实习了，但是我还没有找实习单位。我也想去实习，开阔自己的眼界，但是看他们每天累成狗的样子，我觉得还是不要了，所以想问问你，大学生应不应该出去实习呢?

A：说大学生应不应该出去实习，就像是问一个人应不应该吃水果一样。虽然我们都知道吃水果很好，你应该去吃，但是不见得每个人都会去做。每个人都会有自己在一件事情面前的价值判断。所以应该或者不应该去实习，每个人都会有自己的价值判断。

其实实习根本就轮不到你去不去、要不要，而是你找不找得到。

这就是人生的真相。每年要实习的人这么多，而实习的位置非常有限。当你还在想要不要的时候，已经没有很多位置留给你。

而且照你这种犹豫的性格，找一个好的实习工作也会比较难。祝你好运。

2. 我是一个虚荣的人吗?

Q：我二十九岁，单身。我觉得我是一个挺虚荣的人。我每个月拿的钱不多，但是我把钱都花在买衣服上，而且每年我都去旅行，我还会给自己买包和奢侈品，给家人买东西，每次我的钱包都是空空的。我妈都说我这样嫁不出去，没有人会跟我在一起。

A：首先，自己的钱自己花，天经地义。花钱购物没什么，自己花自己的钱，很光荣。

在女性的一生当中，其实最美好的是，有独立养活自己的能力，并且在尚未结婚之前。因为这个时间你有大量的精力放在完善自己上面，而结婚以后，你的精力不可避免地会放在孩子和老人身上，以及帮助自己的老公事业快速成长上面，等等。

这是你一生中最美好的时间。你通过这个时间穿最美的衣服，到世界各地去旅游，把自己打扮得香香的，美美的。所有这些都是值得的，完全没有必要感到内疚。

3. 一定要买房才嫁他?

Q：我跟我男朋友要结婚了，我们要有一个地方住，要有个小家。我家让他买房子，他说房价太贵，就是不买房子，怎么办?

A：买不买房子是重要的，但是更加重要的是，他怎么安排你现在的生活。如果他也不考虑租房子，也不考虑你们未来的生活，这样看起来，你以后的生活会蛮辛苦的。

在世界上绝大多数地区，像中国这样二十多岁就买房子的人，几乎是没有的。因为不管是在哪里，买房都会成为都市年轻人沉重的负担。

当然你现在看到的情况是，许多年轻人，尤其是在北上广深的一线城市，不管是啃老也好，投机倒把也好，牺牲自己的尊严、色相也好，换取一个居住的房子，是一个普遍现象。所以说，这不代表你的男朋友很奇葩，在我们这个社会可能是有一点，但是就整个世界来讲，这是一件很正常的事情。

年轻人每一个对自己的投资，都会获得若干倍的回报。而每一个对自己的享受，都会获得若干倍的代价。年轻时赚的钱用来旅游和投资自己，是比早早背负房贷更好的选择。

并不是说二十多岁就买房是不好的，如果有充分的经济条件，即便是买房也不会降低自己的生活水准，当然可以买房。但是就付出和回报来看，就像是明明看见北京有雾霾还要出去跑步一样，虽然你做到了这件事情，你满足了社会和婚姻对于你的期待，但是这件事情对于你所造成的影响，是一所房子远远不能够弥补的。

一个家，一所房子，它不应该成为父母的拖累，成为两个人的负担，成为生活的炸弹，成为两个人的绊脚石。

第三章

狭路相逢勇者胜，温柔留给意中人

脑子是个好东西，恋爱中的女生也值得拥有。不管这个人多优秀，有什么天花乱坠的许诺，要记住，这个世界上，没有一个人值得让你放弃独立思考。

你不是不想结婚，只是不想和这个人结婚

我们每个人都对未来有最原始的恐惧，这个恐惧让我们抱团取暖，让我们惺惺相惜，让我们在黑暗里面，还想要仰望星空。

1

那天见到了高中同学，她跟我说她不想结婚。

我这个高中同学是我心目中的励志典范，称她为日语小姐吧。日语小姐考上的大学不是特别好，我们那个时候是估分制度，就是你考完之后先估算出来你自己能得多少分，然后各科成绩相加，算出来自己能考上哪个水平的大学，然后

填报志愿和专业。

她也是一样，算得两眼一抹黑，结果实际公布的成绩，比她估计的成绩高太多。所以她就上了一所不太好的大学，但是因为成绩比较优秀，被第一志愿日语专业录取了。

她学日语特别拼，大学没毕业就考过了各种证，毕业之后给企业当高级翻译，因为工作出色，又有外语优势，现在被猎头公司挖去做公司中层管理，前途无量。

日语小姐，逛街、旅游、画油画、看展览，喜欢一切让自己看起来优雅有品质的事情。

男朋友大熊在同一家单位，薪水没她多，职位没她高。

核心关键词是，特别节俭。

出门见朋友穿的还是高中发的校服，能在麦当劳接免费白开水绝对不去星巴克买焦糖玛奇朵，就算是在星巴克买了焦糖玛奇朵也要外带，拿出来坐在马路牙子上喝，因为里面太拥挤，宝宝心里闷得慌。

大熊无法接受无所事事地喝饮料，所以一边刷手机一边就着喝。

日语小姐望着车水马龙，感觉忙忙碌碌一周也难得说上一回话，就说："别看手机了，我们聊聊天吧！"

大熊一边刷段子一边说："好啊，聊啥？你说吧。"

家里人都催着结婚，男方家里面也催，女方家里面也催，日语小姐说："再等等，再等等。"

有天她把我约出来喝饮料，直接就说："我不想结婚，我还有好多事情没做呢，结了婚特麻烦，办婚礼发喜帖，见公婆生小孩……”

其实表面上看起来她是因为未来生活的不确定感而害怕结婚，其实只是因为她不想和这个人结婚罢了。

说什么自己没准备好、没有钱，说什么觉得自己冬天穿婚纱不漂亮。

如果大熊换个条件呢？大熊长得还是这个样子，个子不高长得不帅，但是他有那么一点宝贵的矫情了，知道生活本来就已经如此艰难，不要让自己变得太接地气太乏善可陈了，他会聆听日语小姐的搭配建议，不要天天穿得像是个大隐隐于市的世外高人一样，就穿得清清爽爽、干干净净的，就好了。

他能再多读点书，再有点上进心就好了。

所以这样的大熊你会不会更喜欢？

她想了想说，应该会吧。换成是孔刘金秀贤薛之谦，日语小姐一定是吃饭都想坐在他对面，马上答应出现在他家的户口本上吧？

所以说，你不是不想结婚，你只是不想和这个人结婚。

说罢，这倒是有点让人怅然了。

2

我们每个人都对未来有最原始的恐惧，这个恐惧让我们抱团取暖，让我们惺惺相惜，让我们在黑暗里面，还想要仰望星空。

所以每个人终其一生都在寻找那个在感到黑暗的时候，为你送来一片星空的人。

那天我听到自己朋友的妈妈抱怨，说儿子和女朋友从三十岁开始创业时谈恋爱谈到三十五岁，还是没结婚，到底结不结，倒是说个痛快话。要是喜欢就立个字据继续推进，要是不喜欢就趁早不要耽误彼此的大好前程。

儿子说自己还没想好，只是说，跟这个女生在一起很舒服。

用姜文的话翻译过来就是，让子弹再飞一会儿。

我猜我知道他在逃避什么，作为一个有雄才大略的年轻人，有事业心有野心的人，他日日以肉身拼搏事业，要求那一点安全感，一点安心的感觉，这个身边人能给。

可是，她是适合结婚的对象吗？她性格好，但是没那么漂亮；她体贴，但是没有好的工作；她可爱，但是又不太成熟；她聪慧过人，却没有起码的生活能力。

那些拖着不结婚的人，做着深情款款的事情，却有一颗悬而未决的心。

从社会学原意上来讲，这个问题只有两种出路。

第一，天地辽阔，再找真爱。

第二，好言相劝，共同成长，学会妥协。毕竟，这个世界不是非黑即白的那么简单，推翻重来不见得是好事，妥协也不见得就是怂（美编造字，上尸下从）了；再找不见得就能找到真爱，妥协也不见得就不浪漫。

一个现实主义的方案就是，你不喜欢他或者她哪一点，让他们去改就好了。

她不施粉黛，你就带她多逛商场；他消极无趣，你就带他陶冶情操。

这样一来，这个世界倒是太平。

姑娘，他比你想象中更不爱你

脑子是个好东西，恋爱中的女生也值得拥有。不管这个人多优秀，有什么天花乱坠的许诺，要记住，这个世界上，没有一个人值得让你放弃独立思考。

1

那天有个小讲座，讲座结束之后，有个看起来很年轻的女孩叫住我，一定要我回答她的情感问题。

她问："我关注了你的公众号，也觉得你写文章写得好好。那我有个问题想问你，一个对你特别好的、和妻子几乎没有感情的、有孩子的男人，可以和他结婚吗？"

她继续说："他在感情上受过伤，和现在的妻子也是老夫老妻，性格不合。遇到我说他十多年了都没有体会到爱的感觉了，我也很爱他。”

我说：“所以他现在的情感状态是……”

“还没有离婚，他跟我讲会为了我离婚的。”姑娘看着我的眼睛，“你觉得我可以嫁他吗？”

嫁不嫁这个人，不在于他把自己形容成什么样子，而是在于他保持多好的状态，来娶你。

如果他说自己跟妻子没有感情，但是实际上，他还维持在别人丈夫的这种状态里面，那你说这是什么意思？这不是骗人吗？

一个男人如果真的对你好——别的都不谈，最低标准，就该把自己收拾干净来找你。

一头猪还活着怎么吃啊，牛肉片还滴着血呢，放进嘴里不怕生病吗？

我刚才抖机灵抖了那么多，其实我没有说啊。我知道怎样回答，但是我看着她热切的眼神，我觉得还是算了。自从盘古开天地，地球自转了四十六亿年，大叔和萝莉的故事都不带停的。她想在我这里要一个答案，其实她心里面已经有了答案。

我试探地说了一句：“真正要娶你的男人，一定会把自己保持在可以和你在一起的状态。”

姑娘听了有些低沉，嘴巴张了张没说什么。

我又说：“他和妻子在一起那么多年，没感情吗？如果是，那也真是够能忍的。”

小姑娘一下子两眼放光：“就是啊！忍了这么多年，我都心疼他。”

我喝了一口水，差点被呛到。没有真爱还可以再找，年纪轻轻的，脑子就坏了，这下半辈子可该如何是好。

2

大叔出轨萝莉在现代社会好像已经见怪不怪了。从前几年《蜗居》里面的宋思明和海藻，到这几年的电视剧里面，这样的现象好像是越来越多了。

从年龄上来说，大叔一般比萝莉大八到二十岁不等。

从社会状态来说，大叔一般都是社会上的精英或者世俗意义上的成功人士。

大叔是什么呢?

大叔是能管理公司好几个部门的Boss，是在台上念演讲稿都能让萝莉觉得那张红彤彤的讲台在发光的人。

他们常常不以颜值取胜。但是他们会以自己奋斗几十年的人脉、金钱和权力为萝莉保驾护航。

大叔还必须具有多重人格。他是让下属咬牙切齿、想一枪爆头的鸡贼上司，却能在萝莉面前展现似水柔情，比如戴上Hello Kitty的小发卡卖萌；或者是在一个清冷的冬日早晨，不动声色地把奔驰S600停在公司旁边的湿滑的小巷，拿出热气腾腾的早餐，云淡风轻地发个微信，叫萝莉出来喝豆浆吃油条的人。

他们从不提自己的过去。每次说到自己的糟糠之妻就像是要和阶级敌人划清界限一般，让你恍惚觉得戴上三道杠的小牌牌和他更配。萝莉当然是信以为真，在大叔怀里笑得姹紫嫣红。

在几乎除了萝莉之外所有人眼中，大叔根本就是脑满肠肥的、油腻腻的、喜欢穿七匹狼夹克和简约而不简单的利郎男装的中年人。

但是在萝莉那里，就是如获至宝。

3

英语里有一个说法，把大叔和萝莉的这种感情称作是五月和十二月。

你可以自动脑补一下花仙子和圣诞老公公腻歪在一起的样子，就知道这个比喻的恶毒和一言难尽。

当然真爱是不分年龄的，杨振宁八十二岁还娶了二十八岁的翁帆，梁实秋七十多岁还娶了网红韩菁菁小姐。虽然不被看好，但这是正常的干净的感情，祝这样的情侣长长久久。

再说回今天的话题，但凡是撩萝莉的大叔，他对于自己的魅力应该很清楚。

就像香港作家马家辉说的："没有秘密的男人，光明磊落，事无不可对人言，自是一种可爱的魅力。但问题是，这样的魅力不容易持久持续。光明磊落的另一个说法就是一眼看穿，如同没有遮挡的房间，从门外看去，一眼望尽。”

那大叔为什么只是对萝莉好，买花买包，就是不愿意公布萝莉是他女友的事实，就是不愿意结婚呢？

因为他要权衡利弊啊！如果他还是在一段感情和婚姻当中的，他的财产、他的名誉、他的子女、他所在乎的一切，等等，他都要算计啊。

每次“嗯嗯”之前都要有一些仪式感，比如买个包，吃顿烛光晚餐，或者看一场IMAX电影，以把自己和求欢的大猩猩区分开来，显得是体面人、文化人。

一个是见色起意，一个是见利忘义，两个人在拼命隐藏自己的心机和城府，硬要把它包装成一个纯情的故事。

所以我还是觉得在这种感情中的人，要趁早放弃。

随着时间的流逝，回过头来看自己，会不会很难堪？

就像是被小学同学看过的暗恋日记，笔头没有珠子一直在漏油的圆珠笔，当年为了拥有它穷成狗、现在悔不当初的那件浮夸的巴洛克长裙，日后看，会不会觉得有那么一点点尴尬？

有那么一点点觉得，这些东西怎么还在这儿，我怎么买过这样的东西，我本是早该扔掉它们的，或者是，我一开始就不应该厚着脸皮去拥有它的？

不为别的，就图个睡好觉，图个心安理得。晚上睡觉之前想想自己的前半生，觉得没有什么内疚的，也没有什么亏欠的。

脑子是个好东西，恋爱中的女生也值得拥有。不管这个人多优秀，有什么天花乱坠的许诺，要记住，这个世界上，没有一个人值得让你放弃独立思考。

两女一男的感情当中，他比你想象中更不爱你。

他只爱他自己。

这样的人还留在身边，留着过年吗？请姑娘们自己做决定吧。只是想说，人生已经如此艰难，就不要给自己招黑了。

这五种男人，再爱也不能嫁

据说这世界上有三种东西是掩饰不了的：咳嗽、贫穷，还有爱。这三样东西，你越想要隐瞒，越欲盖弥彰。

据说这世界上有三种东西是掩饰不了的：咳嗽、贫穷，还有爱。这三样东西，你越想要隐瞒，越欲盖弥彰。

但是对于有些男人来说，爱这种东西差不多算是套路了。在他们眼里，只有撩得到的女人和撩不到的女人。渣男的套路之多，让涉世未深的女生防不胜防。

我这里说的渣男是个价值判断。

而且这个价值判断只是在这两种情况下才成立的：第一，身边的人都觉得他是大写加粗的渣男，只有你深陷在他的情话之毒中无法自拔；第二，你以身犯险之后幡然悔悟，才识破他的庐山真面目，啪，盖个戳儿，渣男！老娘今天算是认识你了！

我大概总结分类出五种典型意义的渣男，走过路过，千万可别弄错了。

1. 迷之自恋型

前段时间某文化人在网上抛出著名的“泡妞”论，大概意思就是只要是他想撩的女人，没有撩不到的，女人嘛，就是那点事儿，买点东西让她开心了，送点包包吃个烛光晚餐让她心花怒放了，然后在她脆弱的时候再说点甜言蜜语，什么样的女孩都能搞定。

我也认识这样的男生，条件一般，但就是好大的口气。

我还问他们，我说：“有男朋友的行？”

人家很不屑地对我说：“别说有男朋友的了，有老公的也行。”

一般说这种话的人长相并无过人之处，小有文化，有时候喜欢手缠佛珠以象征内心高洁。

其实外在什么的都不重要，最关键是能说会道，情话技能满分。

最擅长的就是交浅言深。他们总是显得很懂你的样子，比如，你最近一定很脆弱吧？或者，你男朋友跟你感情好吗？言外之意就是，我可以送你一条祖传染色体吗？在天知地知你知我知，但是在你男朋友不知、我女朋友也不知的情况下。

但我还是纳闷了，谁给您这种全天下姑娘都会被你收入囊中的自信呢？

一般在这种情况下，内心有一万匹草泥马奔腾而过的女生都会通情达理地笑一笑，不置一词。

该先生此时往往笑得更得意了：看，我说什么来着？

拜托，我们不揭穿，不代表不知道，OK？

另外还有一种迷之自信，就是家里有房有车，尤其是在北京上海这样的地方有房的，简直是牛得不得了了，全天下舍我其谁了。

就算是二三十岁的大小伙子没有事业没关系，就算是在家啃老也没关系，反正老子就是有房，我父母的房是我的，拆迁补贴的房也是我的，老子就是牛。

我一个朋友相亲就碰上这样的男生。

年龄超过35岁了，个子矮，微胖，油乎乎的，还秃顶，出来相亲跟去菜市场买菜似的，穿着破洞的班尼路运动裤就出来了，毛衣上还沾着油花子，见着女生下巴抬了抬，算是打招呼了。

看女生的时候从下往上，打量都是斯文的了，人家用的是扫描，觉得你是八十分女生就开始晒自家房产，觉得你长相都不过关，根本就懒得理你。

有个房是了不起，但您是皇上选妃，还是怎么的？您家起码要有故宫的排场，才撑得起这么大的口气吧？

2. 博取同情欺骗型

这种姑娘中招也很多，不分年龄。

典型口吻就是，我最爱的是你，我老婆又老又丑，我跟她没感情！

或者是，我女朋友一点也不懂我，我喜欢诗词歌赋，她喜欢躺在沙发上吃薯片，渣子掉得到处都是，不像你，十足女神范儿！

姑娘这个时候被悲惨经历搞得母爱爆棚，觉得自己是上天派来的天使，是来温暖他的心的。

实际上，你比他可怜一百倍好吗？救救你自己吧。

3. 心机boy型

心机boy有很多了，我再写两千字也说不完。比如，比较臭名昭著的分手理由就是：我配不上你，我们分手吧。

都分手了，还不能真诚点？我看是有了更好的选择吧。

还有一种就是，你爱上了一匹野马，他在你毫无察觉的情况下，给你种下了一整片绿油油的草原。

最关键的是，他可以和好几个女生分别说晚安，还让几位当事人都毫无察觉，每个人都带着新鲜出炉的晚安情话沉沉睡去，保不齐还做美好的梦。

同时给生活在平行时空的女人带温暖送幸福，堪比心连心艺术团。

这种我只能说，厉害，真是太厉害了。

4. 二十四孝型

大家都知道古代的二十四孝图吧。孝子平时也还好，一般是城市中产阶级或者是精英的后代，表面上看起来受到了很好的教育，衣食无忧，彬彬有礼，甚至还能有点绅士风度。

没有什么大的能力，就算是职位不错的工作也是家里给谋得的，算不得本事。

孝子平时看起来不错，但是只能同甘，不能共苦。一旦他的女朋友遇到事情，比如异地恋、家庭变故、工作不稳定，立马就萌生退意。

他们没有学会父母的艰苦奋斗和吃苦耐劳，反而学会了胆小懦弱和毫无责任感，他们是感情里面的精致利己主义者。

这个时候，他们的分手理由就像是他们的为人一样，面子光鲜，里子——肮脏不堪。

他们的分手理由往往是："对不起，我妈不同意。"

其实就是怕拖累他们家呗。他们分手的表现也和搬出救兵一样优柔寡断，那就是——冷暴力。

电话不接，微信不回，女孩子气急败坏地找上门，他轻描淡写地来了一句：“哦，刚才在打游戏，没看手机。有事吗？”

喏，爱上这种渣渣，跟在垃圾桶里找吃的是一种感觉吧。

5. 情深义重型

他表现出了非常浮夸的情商。

早上八点，你跟他约了晚上六点去食堂吃饭，他说好。

然后你就像是《小王子》里面那只雀跃的狐狸一样：知道你五点会来，下午三点，我就开始开心了。

你冲进公共浴室洗头，吹出来完美的波浪和空气刘海，觉得空气刘海不够卷，觉得长波浪不够媚，特意到隔壁寝室借了班花的卷发棒来。

你换上新买的长风衣，长波浪空气刘海和这一身映衬极了。你左右打量自己，发现除了裸色的指甲油稍稍有点剥落，一切都很完美。

你用洗甲水把残留的指甲油清洗干净，然后薄薄地涂上一层亮亮的藕粉色。你一动也不敢动，生怕这精心设计的仪式感被破坏了。你把手机放在触手可及的地方，静静地等待六点的到来。

然后在五点五十五分，指甲油干了，你准备收拾包包出门的时候，收到了他的微信，不是说：“我已经到了，你下来了吧。”

而是："今天踢完球陪球队的哥们儿吃饭，临时决定的，今天就不跟你吃了。"

我们讲道理的，是我跟你有约在先的好吗？我先来的，我先的！

而且他一次如此，次次如此。属于惯犯。

上大学的时候他是要陪球队的哥们儿吃饭，要陪辅导员和党委书记，工作之后他要陪领导要陪客户，你永远都是第二，与你的约会永远都是那个可以被随意取代的约会。

他在所有人眼睛里都是善解人意的暖男，他情商很高，他处事圆融，他是不问儿女情长的有为青年。

只有在你心里，他是个傻缺。

谁都不傻，失望都是积攒的，攒够了失望，只好离开了。

你们之间所有的不愉快，所有的争吵、夜不归宿、痛哭流涕，都是因为他透彻骨髓的自私啊。

真爱就是：哪怕看起来像个笑柄，也千金难买我乐意

没脸没皮地爱一个人，一生大概只有一次，没羞没臊地被人爱着可能也只有一回。哪怕再看起来像个笑柄，也千金难买我乐意。

1

加利·格兰特（Cary Grant）是好莱坞的天才喜剧明星，他幽默又英俊，是许多导演心目中绝对的男一号。

他演了很多戏，和很多导演搭档过。

但是他回忆说，对其中一场戏印象最为深刻。

那场戏是这样的，他是男主演，导演给他说戏，让格兰

特在表演之前，先用心体会出什么是爱的感觉。

导演说很多年以前，他自己搭火车去到巴黎，走着走着，看到路边有一幢很古老的厂房，楼层不高，是砖红色的外墙，导演看到了一对青年男女。男生很明显是在对着红砖墙小解，女生在一边，紧紧握住他的手。按说她应该暂时回避一下，静静地在一旁等他，或者转到街角咖啡店，买一杯咖啡也好。但是她没有，使劲握着他的手，一直不松开。

导演说，他心目中的爱情就是这样，绝对不能受到干扰，绝对不分心，全情投入，就算是内急，也不能打断。

很多年后，加利·格兰特回忆起那段故事，他终生难忘。

所以女生真的是有点可笑吗？但是没关系，这就是爱情的力量吧。

2

很早的时候看过一个视频，乌克兰的行为艺术家举办了一场行为艺术表演。

她一袭红裙，白发苍苍，但是依然可以看得出年轻时候的明艳照人。她独自身处空空的剧场中间，坐在椅子上，和每个依次坐到她对面的陌生人对视。她有时候微笑，有时候冷漠。和太多人对视，她已经显得疲惫，但是始终，她的身体一动不动，坐在那里，像是一台没有感情的机器。

就在所有人都觉得，她已经心硬如铁，任何人都不能让她动心和动摇的时候，一位同样年长的男士，穿过层层人群，来到了艺术家对面的椅子旁。

他拉拉裤子，以一种舒服的方式坐下。艺术家抬起疲惫的头，看了他一眼，男士微笑了一下。她脸上的表情出现了戏剧性的变化，从震惊到难以置信，再到无奈地摇头笑，抬起脸庞，眼睛里流下泪水。她主动伸出双手，和坐在对面的男士握手。

周围的人看到这一幕，都为之鼓掌。

其实艺术家和对面这位男士是二十年前的情侣，当年他们一起拍照、旅行，走过了世界上的很多地方，最终在长城宣布分手，从此天各一方。多年以后，两人再见面，不是咖啡馆，不是火车站，而是在众目睽睽之下。分手的时候决绝，再见面轰轰烈烈，就像是他们选择的人生。

就像是拜伦的那首诗："If I should see you，after long year. How should I greet，with tears， with silence."

若我会见到你，事隔经年。

我如何贺你，以眼泪，以沉默。

陪君醉笑三千场，不诉离殇。这么好的人去哪里找？但是不喜欢就是不喜欢，宁愿淋雨也不想等你那一把伞。

但是爱就是这样吧，不能说我等你喜欢我，我才会喜欢你，爱就是有很多隐忍和悲伤，有很多奉献和算计，也有很多无私和自利。

最后的最后，王麻子和拐子李也都能结婚，你我都会找到个人结婚，不管是出于爱情，还是出于物质，还是只是因为害怕孤单，这并不是一件稀罕事。

所以，没脸没皮地爱一个人，一生大概只有一次，没羞没臊地被人爱着可能也只有一回。

哪怕再看起来像个笑柄，也千金难买我乐意。

真正高级的女人从不标榜自己过分独立

真正独立的女人，最深情。她们知道，因为另一个人无私的爱，让她们变成了更好的人。这是好的爱情应该有的样子。甜蜜接受，而不是冷面拒绝。

1

前段时间看了一场演讲，是演员田朴珺小姐在媒体平台上发表了一段演说。演讲主题是在职场或者生活中，人们对于女性固有的偏见。一路走来的坎坷经历让她从十岁开始，就不再依靠任何男人。

虽然我很钦佩这样的勇气，但是我十岁的时候对于男女未来的社会分工还茫然无所知，田小姐真是少年早成，立志远大。

什么事情造成她这么大的阴影？

首先，是十岁的时候听到爸爸想要一个男孩的愿望，让她无比无语。为了证明自己坎坷的经历，田小姐在整个演讲过程中不停地拎出自己的老爸来说事儿。我以为是因为老爸很古怪，比如抽烟喝酒打人什么的，发现完全没有，就是传统的略微有些严厉的爸爸。

其次，长大之后，又频频在媒体被称作“王的女人”，就是成功企业家王石女朋友的身份，让她很受不了。

演讲稿写得真的是为赋新词强说愁，拼命把自己往童年不幸中年逆袭上面靠，为什么不多花点钱，找个逻辑通顺的人来改改稿子？

田小姐在演讲里还说，最近这几年，也在努力奋斗，“开专栏，出书，投资，当制片人”，这些事情为什么不在认识王石之前就去做呢？既然自己这么厉害。

在这次演讲当中，她除了说自己拒绝王石的女人的称号之外，整个演讲过程中刻意回避了王石的存在，甚至是在最后的致谢当中，男友王石也被当作“曾经帮助过自己的人”，一笔带过。

那田朴珺真的是像她说的那样独立，她从男友那里，没有借势到一点光环吗？

在一篇叫作《我的男闺密，你不知道的陈可辛》的文章里面，田小姐称自己与著名导演陈可辛是十多年的闺密，关系好得能上天，可以二十四小时随时打电话，陈大导演还会隔空在电话里跟自己哭鼻子。此事传到陈可辛耳朵里，他颇为恼火，特意发了声明，说："如果一定要说闺密，我只有一个，就是吴君如。"

田小姐曾经发过一张和传奇企业家褚时健的合照，此照一经发布，举座皆惊，因为褚老是出了名的低调。结果褚老爷子比较耿直，有人问起的时候说："非我所愿，王石在，须给面子。"

好，我们相信你靠自己的能力到了今天，但是你前脚说不愿意当王的女人，后脚就去直播，自我介绍是"万科老总王石的妻子"，直播的主题之一就是直播与王总的通话全程。

女权主义者的好名声，就是被这些依靠男权还标榜自己独立自强的女人给毁了。

2

撕下身上的标签，再来谈谈独立。

怎样判断一个女人是不是真正独立？就是撕下你身上的标签。就拿田小姐来说，撕下王石女朋友的标签，还剩下什么？

演技爆棚演什么像什么的敬业女演员吗？演过《甄嬛传》里面的福晋，好像能拿出来的作品并没有什么。

头脑过人的女投资人？做过《中国合伙人》的制片人，也投资过项目。

还是文笔优美的专栏作家？看了她写的书，我对于田小姐幼稚的三观有些印象深刻。

2008年四川汶川发生大地震，她在北京工作，在书里写自己不惧强震风险义无反顾地上班谈合作，真的是很敬业呢。

还是为全球女性受到的不平等待遇奔走呼号的社会活动家？除了最近在演讲，讲男女平等，不依靠男人就能成功的毒鸡汤之外，别的也没有什么了。

3

其实田小姐身材纤细，举止得体，头脑聪明，能过上现在的幸福生活，是自己争取来的。

但是我比较不能理解的是，不知道是受了哪门子妖风的影响，但凡是个嫁入豪门，有个有本事的另一半，特别怕别人给自己贴标签，说这个女人攀附上位，好像真的是做了见不得人的事情，一定要跟豪门撇清关系。

其实古往今来的知名女性，没有谁不是依靠点什么。要么是颜值高，要么是出身好，要么是脑袋聪明。这是老天给你的，跟男人有钱或者是长得帅一样，这是资本，一点也不丢人啊。

会投胎的，一出生就靠娘家，好吃好喝长大，富养出个水灵孩子。比如林徽因，赢在起跑线上。

不太会投胎的，出门靠自己。比如女人都爱的香奈儿包包创始人——香奈儿小姐，她本来就是个在修道院长大的苦丫头，但是会做一点缝纫，后来阴差阳错到了巴黎，上流社会的公子卡柏爱上了她，他们虽然没有结婚，但是作为男友，香奈儿的第一家帽子店就是卡柏出钱开的，没有卡柏，恐怕不会有以后的香奈儿。

再举个例子，一代女皇武则天，本来是太宗的妃子，辈分上也算是高宗的妈，但是最后略施魅力成了高宗的女人——大唐皇后。她能一步步走到权力的顶峰，没有她哥哥的打点、皇上的倾慕、佞臣的虚伪和贤臣的襄助，她能走到最后？

所以，靠男人改善生活，走上人生巅峰，古来已有，田小姐并非开风气之先，更和男女不平等无关。

4

承认是王的女人一点也不低级。任何女人都是如此。

很多人都是靠人生中的贵人，走上人生巅峰，男人女人皆是如此，例子比比皆是。

那些默默无闻于乡村草野，汲汲于三餐温饱的女人，老得太快。有人帮助本来就是一件无所谓褒贬的事情，如果你依靠的这个人是自己的男友或者老公，他帮助你完成你的梦想，这是命好，做梦都能笑出声来。

当年评剧女王新凤霞嫁给书香子弟吴祖光，新凤霞虽然唱戏，但是从小家庭困苦，基本不识字。后来吴祖光就辅导她认字，带她认识自己的作家朋友，还帮她排练剧本，纠正发音。新凤霞开始写作，也是吴祖光鼓励她去做的，还帮她改错字。

新凤霞在文章里，把吴祖光怎么样帮助她，写得明明白白，说自己学识少，这辈子最幸运的就是和知识分子结婚，共同成长。

新凤霞没有矫情到在书里面写自己从小虽然不识字，但是突然有一天无师自通了，而且还能写出锦绣文章。她也不会说我这个人很厉害，我从来不靠男人。

芈月够强大吧，出了事还得大喊："义渠君救我！"

老爸是不是男人？男友是不是男人？男同事是不是男人？

说这辈子不靠男人，滑天下之大稽。除非是董明珠董小姐，别人说这话我都不服。

所以我觉得真正独立的女人，不是哪儿人多去哪儿嚷嚷，说你们看到了吗？我不靠男人，我求学、做生意、搞投资，都是靠我自己。

这是无知，无知到深处就是薄情。

真正独立的女人，最深情。她们知道，因为另一个人无私的爱，让她们变成了更好的人。这是好的爱情应该有的样子。甜蜜接受，而不是冷面拒绝。

商朝被灭说是怪苏妲己过分美丽，唐玄宗亡国说是杨玉环祸国殃民。

可笑可叹，祸端自是君王起，倾国何须怨玉环？

然而，自古英雄谢幕，他身边的女人都是要背锅的。所以说，欲戴皇冠，必承其重啊！

但是如果真的是说，王石现在的窘境就是因为田小姐是红颜祸水，那只能说明，大清国还没有亡。我们虽然剪了辫子一百年了，辫子还存在在我们的心里。

希望田小姐下次再强调自己“独立论”的时候，是和老王携手多年之后。

老王已英雄迟暮，美人依然不离不弃，拍戏写书赚钱养家，巨普通巨低调，没事发发心灵鸡汤，经常被朝阳群众目击在市场素颜买菜。八十岁的时候躺在摇椅上回想自己和老王的一生，轻轻丢一颗冰糖进咖啡杯里面，稍微搅拌，优雅地嘬一口，幽幽地说：“你们都觉得我是传奇，实际上我的传奇从十岁就开始了，那时候我发誓，这辈子绝不依靠男人……”

这才是最合适的场合吧。

她要的不是口红，是你的爱

毕竟，为一个女人花钱容易，但是让一个女人愿意心安理得地花你的钱，没那么容易。

1944年8月盛夏，已经是上海滩知名畅销书作家的张爱玲出席读者见面会。当时胡兰成和张爱玲刚刚结婚，他们尚未公之于众。在场的人只见到一位畅销书女作家，还有她这位名流好友，并不知其中八卦。

多年以后，已经成为永远的前任的胡兰成还能清晰地描画出爱玲那天的眉眼。

胡兰成写道：“爱玲穿着橙黄色绸底上套，像《传奇》封面那样蓝颜色的裙子，头发在鬓上卷了一圈，其他便长长地披下来，戴着淡黄色玳瑁边的眼镜，搽着口红，风度是沉静而庄重。”

张爱玲小姐作为中国最早的美妆达人，可不是浪得虚名。

九岁的时候就开始给报社投稿，收到了五块钱稿费。

张小姐会用这人生第一桶金干吗呢？一个九岁的小女孩，是去买一摞稿纸，买一个毛绒玩具，给暴脾气的老爸买一盒卷烟，还是给爱美的生母买一盒胭脂？

都没有。

她给自己买了一管口红。当时普通的国产唇膏价钱三块到四块之间，比进口口红还要贵上若干斤大米的价钱。她用全部的稿费买了当时最流行的丹祺唇膏。

后来张爱玲在文章里这样写：“我母亲怪我不把那张钞票留着做个纪念，可是我不像她那么富于情感。对于我，钱就是钱，可以买到各种我所要的东西。”

经济大萧条时代，大战来临前夜，世界上第一批口红生产商丹祺唇膏的广告语是“让每个女人都可以拥有一副勇敢的面孔”。

张爱玲一生都很喜欢研究口红，她九岁有了第一支口红，她遗物里面最多的也是口红。如果她活到现在，估计也是最爱口红试色的美妆博主，种草拔草都得去她的博客逛逛。

“你可以不施粉黛，可以素面朝天，但至少要涂口红，只要涂口红就能让整个人光鲜起来。”张爱玲奶奶的金句，请默读至背诵。

马上要到年末，各个彩妆品牌已经开始上市圣诞版口红和各种限量版礼盒，简直是光明正大地抢钱。

前几天有个直男好友问我说：“×××口红很贵吗？”

我说：“还好吧，两百多块。”

他说：“我就给她买这个牌子吧，公司又降薪了，最近手头紧。”

我当时还挺奇怪，这么多牌子怎么就问这个？也许是事先做了功课？

然后又觉得真的是挺暖的，让直男学买口红就跟让女生认汽车型号一样，基本上都属于肉眼看不出区别的那种，花时间研究该送什么礼物，考虑牌子、喜好、肤色等等，真的算是很用心了。

我想起来之前在朋友圈刷屏的星辰口红的段子，附和者有之，嘲讽者有之。

有男生写文章说：要什么口红，自己买不起？！还谈什么独立自主？女权主义的脸都被你们这些软骨头给丢尽了！还有就是说，要口红的女生都是口红婊。

遭受了一天的血雨腥风，我实在是不懂这些人的脑洞，要一支口红就是口红婊，那我要个烧卖，我是不是就是烧卖婊？

对，她是转了一篇想买什么牌子的口红的文章到朋友圈了，但是不给你看的，是给人家男票或者老公看的。

仇女这种心态是病，得治。

我是女人，我永远站女人这边。那些骂女人口红婊的人都消停会儿，让男生买口红的我就见了一篇帖子，关键人家就是个段子。

但是骂街的人我都看了十几篇了。真的，不过是一支口红而已，别拿独立自强说事，为了显得自己多清新脱俗。

要口红的就是妖艳贱货？和上千块的彩妆保养品买了就吃土比，口红已经算是很良心价了，就算是吃土，不用吃太久。

她不是在要一支口红，她只是希望你注意到她喜欢的东西、哄她开心而已。

所以当一个女生不过是想让你送一支口红的时候，珍惜吧。

如果觉得你的女朋友或者老婆想要口红不独立，没骨气，没关系。

总有一天会有以丈母娘为代表的独立新女性让你买北京的学区房、杭州的湖景房和三亚的海景房，并且觉得这些都是你该做的，不会对你白花花的银子表达出任何感激。

这个女人也会成长为要爱马仕包包和路虎车之类，处处小心机显出自己神秘东方气质的独立新女性的。

相比较而言，买口红这么小确幸的事情，真的是可以先笑为敬了。

不要在该送口红的年纪谈修行。该收收，该还还，该送送，想买她自己会买，送给本尊的就接着。

谈个恋爱送个礼，怎么就搞得这么复杂？这不就是典型的“我跟你谈我，跟你谈爱情，你跟我谈钱；我跟你谈钱说现实，你跟我谈修行”。

这个世界有男有女，所以有依靠有温暖。独立不是一支口红能证明的，也不是一支口红能证伪的。

大仲马先生已经说了：“没有口红，她站在镜前，努力咬了咬自己的嘴唇，让它看起来红润些，这才下楼去见他。”

体会到个中风情的男士，还不速速把口红献上？

毕竟，为一个女人花钱容易，但是让一个女人愿意心安理得地花你的钱，没那么容易。

互动社区：和正经婶儿聊聊天

1. 姑娘，你该找个人类共生活

Q：我的男朋友总是看丰满的妹子。我觉得他这一点很恶心，让我特别受不了，关键是我的胸很平，一开始并不自卑，可是他走在街上眼睛就喜欢瞟这样的妹子，电脑桌面也是丰满的动漫萝莉。他是不是对我不满意，我要不要去做个手术什么的?

A：他喜欢丰满的女生你就要去动刀子，那他喜欢胳膊细的你不是要去剁胳膊?

在还是山顶洞人的时代，男人就比较喜欢胸大和屁股大的女生。这不是因为在那个时代，胸大和屁股大的女生就好看，而是因为从经验累积来看，她们更能繁衍出健康的后代。

但是现在，大家又不是原始人，现在的营养和科学技术完全保证了瘦子也是可以安全地生下宝宝的。

所以如果你的男朋友还保留着很多动物性的话，你应该更多地对他表示同情。因为相比较而言，他对于自己的本能没有好好改造，还是和动物比较接近的。

如果他的行为超过了可以控制，或者你能够忍受的点，比如找小姐、出轨类似的女人、和胸大的女人鬼混等等，那你最应该做的不是怀疑自己，而是应该抛弃他，去找一个真正的人一起生活。

2. 他不是不爱你，只是情商低

Q：我的男友总是嘲笑我的大腿粗，像足球运动员；还调侃我个子矮，说我不够女神。有一次我们一起出去吃饭，他看见我们班的女神，女神身高一米七五，他居然说："你如果个子有这么高就好了。"What？！我觉得他太过分了，以至于后来我看我们班那个女生，都觉得她挺招我烦的。

A：每个人都有自己的理想和标准，男人都喜欢林志玲，条顺腿长情商高；女人都喜欢王思聪，嫁给他不知道少奋斗多少辈子。但这不代表他真的会去追林志玲，也不代表有人真的会表白王思聪，大部分人在网上喊喊老公也就挺满足的了。

这种理想女生的标准没有问题，关键是要有情商地表达出来。

全世界有一半以上的人都想找一米七五以上的女人生活，就像是女生都想找一米八以上的男生一样。只不过有些情商为零的人，非要用这种欠抽的方式表达出来。

以下的话请自觉画线给自己的男朋友或者老公看：在这种情况下，一般聪明的宝宝会很有情商地表达出来。特别聪明的宝宝看透但并不说透，即便是你拿着枪指着他问："你喜欢高个儿吗？"

诚实地点头就等着"狗带"吧！标准答案是，坚定地摇头，然后宠溺地对她说："我就喜欢你这样的。"

所以嘴欠的男生尤其要注意提高作为男朋友的基本修养，因为有无数前人在年少无知的时候，都是因为管不住一张大嘴而变成前男友的。

3. 姑娘，你有免于恐惧的自由

Q：我的老公喜欢暴力，我要不要离开他？离开他我会很痛苦，我自己能想象出来。但是和他在一起我又有点提心吊胆，觉得这不是我想象中的爱情。

A：如果你说的暴力是身体暴力，那永远不要让男人动你第一个手指头，如果他动你第一个手指头，他就会动第二个。你要勇敢还击，要正当防卫，保护自己。

而且家暴这件事情会上瘾的，家暴男往往每次都忏悔，说下次再也不敢了之类的，但是脾气上来的时候，会一次比一次残暴。

家暴，不管是男家暴女，或者是女家暴男，你很难说喜欢家暴别人的人都有什么特征，比如他们压力大、童年受伤或者有心理疾病等等，但是被家暴的一方都有一个共同点，就是他们会选择在一些事情上忍让。

这个人对你的所有的态度，都是你默许的。所以在任何时候，只要有家暴的苗头，一方面要勇敢反抗，一方面要有比较高的情商去处理这件事情，不要硬碰硬。毕竟在力量和行动上，女性比男性要弱很多。

女性也不要对男性暴力，言语暴力也是暴力的一种，比如说：“你又死哪去了？”比如说：“你怎么这么没用！”这种暴力跟身体上的暴力相比，有过之而无不及。因为在成年人的世界里，最伤人的往往不是刀子，而是嘴巴。

4. 什么样的女生才叫作“嫁得好”

Q：嫁得好的女生，都有哪些共同点？

A：也许有些女人因为有姿色或年轻，在某一个年纪嫁得好。但是就她整个人生来讲，其实她的生活很悲惨。比如阮玲玉嫁给富商，后来的生活很悲惨，年纪轻轻就自杀了，让她的影迷痛苦不已。

所谓嫁得好，不是嫁人的那一刻嫁得好，而是在人生漫漫长路当中，你们能够愉快地相处，有物质的基础，也要有精神层面的交流。

其实嫁得好的女生，除了漂亮之外，还要有聪明，聪明是很重要的武器。比如演员刘涛，当时结婚的时候，老公很有钱，号称京城四少之一，风光无限。但是好景不长，她老公生意失败，她又变成了嫁得很不好的女人。而她用自己的情商，成为国民女神，大家都由衷地称赞她，说她是非常好的贤妻良母，演技在线，颜值在线，儿女双全，人生赢家。这个才是嫁得好。

对普通人来讲也是如此，我们不能把过分的注意力都集中在嫁那么一下子上。

结婚是一个瞬间性动作，但是婚姻却是持续性动作。

第四章

如果事与愿违，
那定是上天另有安排

生活如果一帆风顺，那就给它加点颜色；生活如果把你欺负哭了，那就活得更灿烂报复回去。

这个世界终究是属于野路子的人的吗？

如果只是想做听故事的人，有些故事过耳就行了，不必当真。不是听故事的冷酷无情，也不是讲故事的不够成功，而是消费苦难获得的成功，并不令人佩服。

1

《唐伯虎点秋香》里面，唐伯虎和卖身葬父的人比惨。

唐伯虎："街坊邻居们，快来啊，刚出炉的孝子大拍卖，不买也来看一看啊！"

（秋香和华府婢女石榴姐出门）

石榴姐："真是好惨啊！我们正好缺个下人，我看就……”

（这时又来一个，推着木车，车上六个死人，这人还口吐鲜血，极其悲惨！）

惨人：“我好惨啊，卖身葬全家！两位姑娘，可怜可怜我吧，我一家六口一晚上全死光了。我身染十级肺痨，半卖半送，你就买了我吧！”

秋香：“哎呀，石榴，你看他可怜多了，我们就把他买回华府，好不好？”

唐伯虎：“姐姐，我先来的啊！”

石榴姐：“对呀，可人家家里死了六个，你家才死一个。我也很想帮你，可是我真的很为难啊。你有什么比他更惨的，快说出来啊。”

惨人痛哭：“旺财……旺财……旺财你不能死啊，旺财，你跟了我这么多年，对我有情有义，肝胆相照，但是到了现在我连一顿饱饭都没让你吃过，我对不起你啊，旺财！”

石榴姐退身，把蟑螂踩死了，唐伯虎悲痛欲绝：“小强！小强你怎么了小强？小强，你不能死啊！我跟你相依为命、同甘共苦了这么多年，一直把你当亲生骨肉一样教你养你，想不到今天，白发人送黑发人！”

最后，唐伯虎被成功录用，因为惨人惨得倒地身亡，所以唐伯虎自动晋级了。

2

那天我陪朋友去参加一档热播节目的海选。

她已经通过了简历筛选、电话面试和视频面试，这一轮是导演面试。面试是六个人一组，首先是一个长度十分钟的自我介绍。

有人说："我是创业者，我从博士期间就开始创业了，我的公司是做晚期癌症治疗研究的，我们现在已经通过技术治愈了一名晚期癌症患者，拿到了投资……"被导演打断了，意思是，你不要老说自己的事情，太无聊。

有人说："我就是普通的白领，但是我很喜欢这个节目，每天在公司都拿这个节目下饭，所以来报名，今天能来到这里，觉得整个大楼都像是在发光，我圆梦了。"说完，吃瓜群众听得鸦雀无声，导演一脸冷漠。

有人说："我也是一个创业者，我从大学起就开始大辩论，毕业二十年了，我想回来看看……"吃瓜群众听得礼节性鼓掌，导演示意切歌，下一位。

他化着大烟熏妆，穿着高腰喇叭裤和目测有十几厘米的松糕鞋，头发是黝黑黝黑的大波浪，除了略显单薄，单看侧脸感觉和杰克船长很像。关键是上来一起范儿，剩下的五个选手瞬间就被"秒"了。

"杰克船长"说，自从他走上艺术家的道路之后，自己的形象和风格就饱受嘲笑。

虽然现在看起来是杰克船长，但是实际上出生在偏僻又传统的中部小镇……自从以这种形象示人，到现在还没结婚，经常被怀疑性取向不明，饱受讥讽。

在家里面，老父老母多看他一眼都觉得心脏病要犯了。

走在大街上，人们看他的眼神都是“Excuse me”或者“这到底是男是女，宝宝好怕”。

此处可以有笑声。

看大家都笑得差不多了，“杰克船长”话锋一转，说：“我跟我爸说，爸，我这前半辈子都听你的了，我的后半辈子，能不能自己做一回主？”

从前对待那些嘲笑他的人，他像是过街老鼠一样，唯恐避之不及。但是后来他想通了，为什么要为任何人改变自己？我就是我，不一样的花朵……所以，当他又在街上碰到对他指指点点的小姑娘，清清嗓子上前去说：“姑娘，我今年四十七岁，按年纪我跟你爸一样大，你爸没有教育过你，怎么尊重长辈吗？”

哇，参赛选手和导演情不自禁地鼓掌，太正能量了，太励志了！

故事讲完，围观群众尤其是小姑娘们，都是泪光点点，巴掌都拍红了。

然后面试开始，几位选手谈论对于同性恋的看法。“杰克船长”在这个烧脑的环节就很弱，说：“同性恋好可怕哦！”

我同学说，她当时想要回应这一点，说：“你自己刚才说自己是少数人，受到了不公平对待，那你对于同性恋的态度，不也是别人正对你做的事情吗？”……不过她当时有点蒙，没有发挥出来。导演对“杰克船长”显然充满了浓厚的兴趣，说：“你还有什么不被人理解的故事？再跟我们讲讲！”

另外五位心领神会，没有惨出新意的选手不是好选手，回家该干吗就干吗去吧。

从前我听家里开餐馆的同学说，他自己从来不吃自家饭店做的饭，因为再好的胃口到饭店后厨走一圈，也就不想吃了。

最近陪朋友在节目组打打酱油，也觉得再好的节目，多偷窥一下幕后，也觉得有点倒胃口了。这样也好，免得上瘾，有益身心。

人家说得对啊，我们是一档看重才华和能力的节目，我们要选出中国的未来之星，既然你惨出了新意，惨出了高度，I Want You！

你还没有成功，不要着急，那是因为你还不够惨。你回去攒攒故事再来吧，我们等你哟。

3

那天听清华的老师讲座，他说清华某学院，有两位同样都是八十多岁的老教授。

一辈子也都是为国家为教育事业奋斗，但是现在两位老教授的境况截然不同。

有一位教授很会讲故事，把自己年轻的时候怎么吃苦受罪培养过多少学生，书里也写，媒体采访也说，现在被媒体炒作成名家和大师，很多人请他去讲课，除了退休工资之外，每个月还有好几万的收入。

考虑到网红教授年纪大了，需要更好的服务，有关部门还专门给配备了物业管家，水管坏了门锁要修，分分钟上门服务。

而另外一位老教授，就是踏踏实实地讲课，现在还亲自带研究生，圈里公认的学术好水平高，只是酒香也怕巷子深。

前几天老教授家里的灯管坏了，想换个灯管都找不到人来修。

他们那一代受到的教育是，把脆弱留给自己，把坚强拿去给别人看，冷暖自知。也许真的是时代变了。

我有一个朋友，他带着自己的团队到电视台去参加比赛，本来是想通过在媒体上曝光，为自己的项目争取更多的资源。

作为初创企业，在足够牛之前，你是不愿意放弃任何一个可能带来好运的机会的。所以他就去了，去了之后编导就让他讲自己的故事，他先是讲自己辞职创业，编导觉得不够惨，然后引导他，问家庭情况怎么样啊，家人支持吗，有没有一言不合就给你脸色看啊，等等，总之最后通过诱导启发和添油加醋，组了一个还比较悲惨的创业血泪史。

播出之后，效果还不错。

4

《红楼梦》里有一句话叫作“假作真时真亦假，无为有处有还无”。“杰克船长”和网红老教授，他们的话都是真的，只不过把这些真实编入到一个有起承转合的故事当中，我们都参与构建了整个事件的戏剧性。

从前有一句话叫作“爱笑的人运气都不会差”。

现在这句话可以改改了，叫“惨出新意的人运气都不会差”。

惨不要紧，谁不惨呢？最重要的是惨出美感，惨出新意，惨得有理有据，惨到二十年前被扇巴掌现在脸还疼，你就离成功不远了。

我们都在谴责说：你弱你有理啊。

但是在这个从电视上消费苦难，在现实中弱者又是政治正确，有优先发言权的时代来看，你弱你真的是有理的。而且轻轻松松就能把脚踏实地做事情的人挤下去，根本就不需要用什么阴险的手腕，只要是惨得千锤万凿、荡气回肠，就让你输得无话可说，心里面能别扭好一阵子。

在这个时代，只有两种人，讲故事的人和听故事的人。你我可以选择做其中的任何一种。

如果你想做讲故事的人，多看些书，多走些路，先有故事，再去讲故事。祝你讲出精彩，讲出成功。

如果只是想做听故事的人，有些故事过耳就行了，不必当真。

不是听故事的冷酷无情，也不是讲故事的不够成功，而是消费苦难获得的成功，并不令人佩服。

独立是最高纯度的少女心

对于有些人来说，少女心是过去时，但对于有些人来说，少女心是一辈子不愿意撒手的现在进行时。

第一次觉得自己有少女心是什么时候？

小时候窝在家里看《美少女战士》，夜礼服假面一出现就了不得了，每次月野兔有危险的时候他就会像天神驾到一样前来救场，真的是苏炸了。

而且夜礼服假面先生可不是随便出现的，只有在困难的时候才能够被召唤。

没有低俗，没有欺骗，没有第三者，带着前世的约定款款走来，在记忆中的东京塔尖，拨开人山人海，小心翼翼地送你一枝玫瑰。

少女心是一种很美好的事情，它适合任何人、任何年龄段。不是说过了少女的年龄就没有少女心了。少女心是什么？

1

那天我和台北的朋友聊天，她差不多四十岁了，说："我给你推荐个电影，大陆拍的，特别好看，你一定要看。"

我说："好，名字是？"

她说："我忘记了，就是男主角是个DJ，他的前女友也是DJ，但是他们最后也没有在一起。电影名字很长，我一下子忘记了。"

我说："是不是男主头发有点白，前女友冷冷的，叫《从你的全世界路过》？"

她说："对对对！"

我这个朋友是职场女强人，进取又励志的老司机，我一直以为她会觉得这种电影很傻，很蠢，但是那天她让我很吃惊。

其实她不是在看一部不太经得起推敲的青春电影，她只是从中看到了单纯善良的那颗初心。

而正是因为这样的初心现实生活中少有，所以在大银幕里面，显得珍贵。

2

可能有些人觉得粉粉嫩嫩的颜色，是年轻女生的专利，年纪大的女人就应该成熟、稳重，穿黑白灰，买经典款包，感觉可以Hold住全世界，并且，从不言失败。

我有个朋友，我跟她认识十五年了，我认识她的时候她很年轻。

她从来不掩饰对于一些高饱和颜色的喜爱，比如粉色、大红或者是玫红。

我陪她去逛大牌包店，只要是看到粉色的包她绝对是走不动路的，实在是喜欢了，就买下来。

她的迷你手提箱看起来跟十元店里面的塑料拉杆箱没有任何区别，恕我眼拙。但是以她的个性，她买的必须是Hello Kitty的正版，连她女儿用的包袋都比她的像经典款。

“你这包是……”

还没等我说完，姑娘捂嘴笑了：“是真的啊，我老公排队排很久才买到的！”

不止一个人跟我吐槽过她的品位，都觉得她对“少女心”这个词是不是有什么误会。因为像她的年纪，四十五岁左右，实在是应该穿得像个老成持重的中年人一样，而她真是天天穿得跟闹着玩一样。

但我倒觉得，没有一点问题。人家花自己的钱买东西，老公没说什么还帮着买，就是我们向往的人生啊。

对于有些人来说，少女心是过去时，但对于有些人来说，少女心是一辈子不愿意撒手的现在进行时。

记得前段时间埃隆·马斯克妈妈来北京参加时尚活动，就是特斯拉老板的亲妈，朋友采访她说："请问你平时是做了什么事情，显得这么年轻？"

本来这个问题再正常不过了，而且她其实也只是期待老太太说她喜欢健身，一天只吃两顿……

但是老太太抬起下巴，给了她一个女王之藐视，说："我没老过啊，我一直很年轻。"

3

作为影评界有名的毒舌，史航说他最喜欢的女演员，就是周迅迅哥儿。

当年迅哥结束杂志专访，他特意写了一篇长文章，叫作《小姐，你有一张未婚妻的脸》。

我们小时候，当时还没有四旦双冰之类说法的时候，周迅就是个特别的存在，她不是女演员里面最漂亮的，但是让人印象深刻。

《像雾像雨又像风》里，她小鹿一样的大眼睛一眨一眨的，怎么会有这么有灵气的演员？

有灵气到高晓松当年拍电影《那时花开》，一定要找周迅演："人生这么长，我只借她三十五天。"那是1999年。

从小花旦那个时期走来，我印象中周迅是从来没有被质疑过演技的一位，和她的演技一样令人印象深刻的，是她对于感情的态度。

二十年交往过八个男友，有富二代，有寂寂无名的模特，有造型师，有演员同行，基本上每段感情她都公布，她都认。

而她愿意公布感情那些年，舆论还没有这么开放和松弛，为了保护自己的公众形象，不伤害粉丝的玻璃心，演员隐婚隐恋是太正常了。

她当时就很磊落。后来四十多岁和高圣远在一起，回国的机场她和高圣远很自然地牵手。

记者问她：“你不怕被拍到吗？”

周迅说：“如果你对这段感情全部认真的话，为什么要怕被拍到呢？”

愿你永葆少女心，永葆爱的能力。假如生活欺骗了你，买个心仪的单品报复回去。

生活如果一帆风顺，那就给它加点颜色；生活如果把你欺负哭了，那就活得更灿烂报复回去。

永远相信，过什么样的生活，你说了算，只有你能够说了算。

你的善良最好有点锋芒

甚至你一个目光接触，都能够点亮他们一整天，这比你单纯路过，丢下一块钱就走了，要好得多。不要轻易施舍你的善意。别把善意，演成了施舍。

我决定把旧床处理掉，买一张新床，所以就想要找个收废品的把旧床拉走。

在公寓下面转了一大圈，问了垃圾站收废品的人，有个人说上门看看。他进来的时候是双手揣在裤袋里面的，感觉像是领导视察农田，看了一圈说："不收不收，床太重了，白给都不要。"

没办法，我在同城网站上拨通了一个电话，那个人问我都有什么东西，我说一张床、麻将桌，还有四把椅子，床垫不卖。

我要八十块钱，他只愿意给我五十块。我说：“五十块也可以，那我装修时砸门砸柜子，砸下来很多带钉子的碎木板，大大小小都有，小区不让我倒，说有钉子危险，你帮我处理掉吧。”

他同意了，五十块钱成交，说让我把具体几样东西发到他手机上，不要最后到现场说不清楚，他一个半小时后到。

上午十点钟，他很准时，个子不高，穿破烂夹克，身材可以说是瘦小了。

到了就要搬床垫，我说床垫不卖，他一下子就变得很激动，说床垫怎么能够不卖呢？早高峰那么堵车，北五环开车开到北三环，十公里的距离，用了将近两个小时。

“油钱都不够！！”

“就是没有床垫啊，不然你看短信。”我都震惊了，一开始就说好没床垫，到这儿撒泼是怎么回事？

他又围着床转了几圈，拉拉床垫，最后像是泄了气的气球一样，妥协了，嘴里还是骂骂咧咧的，好像我占了他多大便宜似的。

“你去给我找个帮手！”他翻翻眼睛，开始计较，“找物业来，这么多东西我一个人怎么搬得动？”

我指指我自己，说：“没别人，就我自己。”我帮忙搬拆下来的木板，他搬床和桌子。床是两箱可以拆解的，其实就是两个床箱加上两块木板拼起来。

我们都搬着东西往电梯口走，我发现他一个人搬床箱很吃力，就放下手中的活去帮他。

他迟疑了一下说好，然后口气突然就变得有一些柔和。因为我是倒退着走的，他提醒说后面有台阶，结冰地滑，小心摔着。

最后我们把所有的东西都搬到楼下了，他看着一堆建筑垃圾，又开始计较和反复唠叨这些东西："我不要了，我拉回去也没有用啊。"

我说："不行，如果你不要还是按照我们之前说的，你要给我八十块钱。"

他摇摇脑袋，没辙，把垃圾一同收走。

他的车不小，有中型面包车这么大，确实费油。早上八点钟出来做我这单生意，回到北五环要十二点多了，我不知道他花五十块钱收这么多东西回去能卖多少钱，但是应该不会很多。

他把所有的东西都装上车，关上后备厢的门，掏出五十块钱给我。

我说："你不用给我钱了，谢谢你帮我处理了大麻烦。"

这是我2017年第一次看到希望女神降临的样子，轻盈、翩然、喜乐，因为我看到他浑浊的眼神"吧嗒"一下子被点亮了。

因为五十块钱，因为突如其来的善意。从一开始骂骂咧咧的他，变成斤斤计较的他，最后，变成柔和的他。他笑了，说："谢谢你。"

活了这么些年纪，我深深明白，这个世界是不公平的。

这个不公平最具体的表现就是，体现在赚钱的难易程度上面。

举个例子来说吧，我有一个朋友，他属于现在人最羡慕的躺着都能赚钱的人。因为他发现了一个巨大的商机，就是他建了一个服务器，只要有人用，他就能赚钱，他真的是日进斗金，不用上班，不用看老板脸色，哪怕是人在马尔代夫度假或在夜店里纸醉金迷，他有一台自动运转的赚钱机器，每天不停地给他印钞票。

而有的人，就像是这个大哥一样，花去自己一天当中的一半时间，苦、累、冷、计较、不被尊重，只是为了挣五十块钱。

他不努力吗？他也很努力啊。

所以，其实我从他进屋的那一刻起，从看到他瘦小的身材和伤痕累累冻到发红发肿的手掌，从他说他大老远跑来，我就没有打算要这五十块钱。

五十块钱不算什么，我虽然没有钱，但是挣钱比他容易一些。

但是如果在他要搬床之前，在他抱怨他来一点也不值的时候，在他对整个世界都充满敌意的时候，我就特别慈善地告诉他，这五十块钱我不要了，他绝不会有这么大喜悦和收获的感觉，他也绝对不会对我说“谢谢你”，他只会有更多的要求和期待，因为这就是他的生存方式，他要生活要吃饭，就必须计较。干活能少干点就少干点，东西能多收点就多收点，这个世界哪有什么鸟语花香，都是拼命死扛。

他是一个有典型的穷人思维的小买卖者，这种思维和计较让他越来越穷。

我们当然可以这样批评他们，他们刁钻、不守信用，可是，你有没有想过，他们为什么有穷人思维？

住在那种地方，天寒地冻地跑过来，搬着危险的货物，仅仅为了五十块钱。现在大街上吃碗面就要三十块钱了，不敢花钱，不敢喝水，不敢生病，不敢相信别人，只是想要活着而已。这样的生活，放在谁身上，都会活得穷凶极恶。

就像是当时盖茨比的爸爸对盖茨比说的一样：“孩子，如果你想要批评别人，你要知道，并非所有人都有你这样优越的条件。”

理解穷人，尊重穷人。

同时，有技巧地释放善意。

我之所以一开始没有说钱不要了，是因为我觉得他这种做事方式不对，做买卖，该多少钱就是多少钱，今天我就算是收了他的五十块钱也合情合理，这是交易，不是慈善。

最关键的是，要让他了解，不是你穷你有理，每一分钱都要挣得有尊严。

也许你是这样的女孩子，你见到乞讨救父的小女孩就会过去给他们一块钱，你听到街头艺人也会丢进功德箱里面一个钢镚儿，但是也许你驻足聆听一会儿，甚至是看看那位乞讨救父的小女孩的故事，他们会更加感谢你，更加记得这一刻的停留。

甚至你一个目光接触，都能够点亮他们一整天，这比你单纯路过，丢下一块钱就走了，要好得多。

不要轻易施舍你的善意。别把善意，演成了施舍。

情商高的人，绝不伤害别人的玻璃心

尊重一个人，尊重我们的朋友，就是要允许他们表现出脆弱。你可以袖手旁观，但是不要雪上加霜。

我大学时候的好闺密，个头跟我差不多，一米六多一点，体重有一百三十斤。可能也是有很多原因，她一直是单身。平时班级聚会的时候，她也很喜欢调侃自己单身的状态，说自己又胖又壮，难怪没人追。

有天我们班同学就在操场上闲唠嗑，平时看起来特别羞涩、特别绅士的男生对她说："其实我觉得你一点也不胖。"

姑娘眼神亮了，说："真的吗？我也觉得自己……"

她大概是想说她也觉得自己没那么胖，结果那个男生说："不，你不是胖，你只是壮。"

听起来还是挺押韵的吧，大家都哈哈哈，气氛欢乐又祥和。

散伙之后，就剩我俩，我俩去水房打水。打水路上她跟我说她今天一点也不开心！虽然自己喜欢自黑，可是那只是一种希望你闭嘴的方式。

她说："我其实很介意别人评价我的外表。因为我是家里的老二，我还有个姐姐。姐姐遗传了妈妈所有的优点，肤白貌美又条顺，烧饼肉夹馍蛋挞起司天天吃，愣是吃不胖，从小她就是焦点。可是我遗传我爸，大脸盘大骨架，小腿结实得像是运动员，喝口凉水都能长胖。还有，其实我小名就叫胖子！"

所以，她表面看起来不在意，其实她内心比谁都希望获得认可。和所有姑娘一样，穿上田园风的长裙外搭镂空碎花小毛衣，即便这样显得她更加臃肿，她也希望有人能说一句"你今天真好看"。

什么叫作玻璃心呢？玻璃心就是一个人最被碰不得的角落，就是牵一发动全身的脆弱。

它是童年一盎司阴影无限放大，是一件刻骨铭心的小事埋下的自卑，甚至仅仅是因为外表而已，比如身高或体重。

虽然我在去年的红文中呼吁，没有玻璃心的孩子才有光明的未来，才是我大中华的脊梁，可是我发现，臣妾很可耻地做不到啊。

作为水象星座，我的心情也很容易受到负能量的影响，比如常常有人留言说：“你写的什么玩意儿啊？”要么就是：“我受不了你的观点，取关了啊。”再加上一个鄙视的表情。赶上我特喜欢伤春悲秋的某几天，我必须打着心情不好的名义出去撮一顿烧烤，气气这些坏人了。

生而为人，我们都是玻璃心，无一人可以幸免。

斗战胜佛孙悟空在遇到唐僧之前，是多么骄傲的一个人（猴），人挡杀人，佛挡杀佛，“我是当年大闹天宫的孙悟空，玉帝老儿都怕我三分！”就是这么一个铁骨铮铮的汉子，谁都不相信他多柔情吧！

当年他因为在师兄师弟面前炫耀，被菩提祖师逐出师门，止不住地腮边泪坠。后来好不容易遇到能够救他的师父唐僧，花果山大王不做了，抛家舍业地跟着唐僧当个牵马人，没想到三打白骨精，又被逐出师门，又哭得涕泪交流。

师父就是他的软肋，是他小心翼翼捧着的玻璃心，是一念成魔，一念成佛。

我从来没有见过一个玻璃心是没有缘由的，即便是有人全身都是敏感点，那也是和他的经历有关的。

如果一个人越不信任别人，说明这个人越不被别人信任过。

尊重一个人，尊重我们的朋友，就是要允许他们表现出脆弱。你可以袖手旁观，但是不要雪上加霜。

不要随便批评一个人，你要知道，并非所有人都有你这般优越的条件。

不要随便嘲笑一个人，因为不是所有人都有足够的抗压能力。

我们总是说，你要坚强，你要大度，其实恰恰证明了，这个世界上真正坚强的人很少很少。

每个人都有自己的痛点，郭敬明即便是买下了白金汉宫，他也会一辈子介意自己的身高的。他的性取向如何，与我们无关，有些媒体非要逼人家承认，说你怎么这么玻璃心啊，这么不勇敢啊。这是特别恶心的行为。

你砸碎这颗玻璃心，你负责修补吗？不以关心为前提的嘲讽，都是耍流氓。

中国人讲一个人有三种境界：见自己，见天地，见众生。大多数的人，只能够到达到见自己的境界。

承认自己的玻璃心，承认自己的脆弱。带着自己的玻璃心过一生也很好啊。

毕业五年，拉开女生差距的戳心真相

那个选择了最简单的路，那个不是靠自己而是靠天意和运气的女孩子，最后都会发现，自己其实是走了一条最难的路。

1

前段时间我参加学姐的毕业答辩。

差不多四十岁的她现在是Top3高校的工作人员，在一个听起来非常高大上的学院当行政，职位据我所知已经是办公室主任了。

因为平时行政事务琐碎繁忙，办公室里人手不多，学校的通知要传达到她这里，老师的各种手续需要她解释和操心，还有整个学院的本科生、研究生、博士生等等的事情，都要她来协助办理，所以她考上博士之后，延期了两年才正式毕业。

我是她的答辩秘书，知道她顺利通过毕业答辩了，很为她开心。

结束之后，她请我和学妹吃饭，我跟她说恭喜。

对于我们这样一个一元价值观严重的社会来说，在不错的高校，有稳定的工作，薪水OK，受人尊重，现在也成家立业，很中产了。

“对啊，学姐，请问怎么样可以留校啊？”学妹问她说。

她笑着说：“留校很容易啊，只要你想，现在就可以申请。”

学妹说：“那一定很难吧！能留校不错啊，像是学姐这样，我要是能留下来就开心死了。”

她摇摇头说：“我本科毕业比较早，那时候是1999年，毕业生不是很多，大家都出去做生意或者是到政府部门，没有人愿意留校，我就觉得留校挺简单的，也没有人跟我抢，我就留下来了。”

学姐说，她工作十几年了，工资这么多年并没有涨太多，职业发展也基本上到头了，因为拿到博士学位的行政人员也不可能转到教学岗位。

“如果有可能，你们不要留校，刚刚毕业的时候，去找一份更难的工作，磨炼一下自己。我现在是后悔了，但是也没有可以选择的机会了。”

也许这是在说，当初在最该拼搏的年纪选择了一条最简单的路，导致了现在严重的失落感吧。

2

什么叫作最简单的路?

最简单的路就是选择了那条看起来是捷径的路。

比如说，有人许诺你不用努力就可以获得的机会，然后你为了这个机会，荒废了好几年的时光，最后竹篮打水一场空。

比如说，你的能力绝对可以承担更难的挑战，可是你偏偏逃避，偏偏说：“我能力就这么大，我就是要做这种工作。”最后才追悔莫及。

再比如说，你明明非常不喜欢这个工作，你却不敢离开，这也是选择了一条简单的路。

什么叫难走的路?

就是依靠自己的路，就是相信努力、正直和勤奋的有意义的路。

最难走的路是我们早起一小时、跑步、练瑜伽，交付真心踮起脚尖才可以追求到的生活，比如不被人所役使的工作，比如想到他/她就会嘴角上扬的爱人。

我能够举出的例子很多，毕业五年，那些天资平平却获得更好生活的女孩子，都是因为她们选了一条更加难走的路。

她们往往能够在披荆斩棘的过程中，越走越顺，越来越好。

非常厚着脸皮地说，毕业五年之后，虽然我也只是普通人一个，但是我从来没有后悔过选了一条更难走的路，反而我会庆幸，在人生的关键节点，都没有选择那条好走的路。

就像是《摔跤吧！爸爸》里面的小女孩，有的小女孩早早嫁人，失去了人生的乐趣，可是爸爸跟自己的女儿说，让她们早早努力，就是为了让她们不要过上这样围着灶台转的生活。

果然，最后她们不仅掌控了自己的人生，还给千万印度女性树立了榜样。

从纵向的历史进程来看，有些东西真的不重要，或者我看起来越来越不重要，比如一顿饭的享受和一份安逸稳定的工作，暂时的喜乐和生活给我们的蹉跎。

我们都可以有更好的生活，那也许不是我们期待的生活。据说美洲的热带雨林当中有一种猴子，它们从不安于自己所在的树枝，它们伸出长长的手臂，拼命向前追寻。

我想，对于很多有梦想的人来说，我们想要的生活，不在此刻，不在当下，就在那长长的手臂前面。

那些毕业五年、十年之后，真正让你和别人拉开差距的，不是抄捷径的侥幸，而是迎难而上的决心。

3

经常有人发出这样的疑问：毕业五年之后，那些女孩子的差距都是如何拉大的？

后台也常常会有这样的留言，说："婶婶，请你帮我做个选择，我是听从父母的安排回到家乡做一份朝九晚五离家近的工作，还是顺从自己的内心，去选择一个我喜欢的城市，做一件艰难但是未来不知道在何方的事情？"

我无法给出明确的回答，唯一可供选择的评判标准是说，当你做出这个人生选择的时候，是否选择了一条好走的路。

我们是如何一步步地追赶不上那些人的脚步的？

就是从毕业的那一天开始，从我们选择一条最简单的路开始的。

那个选择了最简单的路，那个不是靠自己而是靠天意和运气的女孩子，最后都会发现，自己其实是走了一条最难的路。

而那个一开始就靠自己，一开始就选择了一条最难走的路的人，你会发现她的路越走越顺，越走越好。

真正优秀的人是不会被埋没的。

埋没的，都是本来就应该被埋没的人。

西方古谚有这样一句话：台风来了，猪都在天上飞。

但是我想说，当台风走了，猪会重重地跌落地面，而天空还有鸟儿在飞翔。也就是说，台风走了，猪还是猪，鸟还是鸟。

而那些努力又勤奋的人儿，你要做的就是等风来，然后把你带到更高的地方。

阶级和出身根本就不算什么

关雎尔有学历、有脑子、有理解力，最重要的是，她有底线，有所为有所不为。所以，她起点高、资质好、潜力大。其实关雎尔们成长起来，比安迪更励志，比曲筱绡更讨喜，比樊胜美更轻松，比小蚯蚓更有存在感。

1

《欢乐颂》播到第二季了，但我还是没怎么看过这部剧，也就是跳着看了一点儿。

一是没有追剧的时间；二是追剧太浪费时间。

去年《欢乐颂》最火的时候，和很久没见的高中同学见面吃饭，她一看到我就说："《欢乐颂》你看了吗？我觉得你特别像里面的关关，简直一模一样！”

我特期待：“关关是什么样的？”以为她会说长得好看啊、女神啊什么的，事实证明，我想太多了。

“在知识分子家庭长大，学习不错，也很乖，人畜无害，女生亲近她，男生怜爱她。”

“那很好啊。”

“工作之后，大姐欺负她，老板压榨她，男神从来不会注意她，好事儿从来轮不着她。”

我：“……”

2

其实高中同学对我的印象很对，我就是典型的小知识分子家庭里面成长起来的小孩。

当然不像关雎尔那样，父母都是高级知识分子，但氛围也是知书达理，讲究诗礼传家。

关雎尔的名字像是《关雎》那首诗里面来的，我的名字也是从古诗里面取的，所以从小父母对我的期望就不是大富大贵，而是希望我成为一个有知识的人、淡如菊的人。

小时候别的小女孩都特别自由，我发小家里是开音像店的，她回家就看电影，特快活，还有个发小家里是有钱人，放了学就被家人接走然后在院子里玩，等着晚上吃饭就好。

我就不行，比上不足，比下有余，所以要回家写作业、背古诗，还有练书法和学国画。

长辈对人品的要求是矜持和有底线。

所以关雎尔和我之前真的有点儿像。

稳定，上进，不懂得拒绝，最重要的是，随波逐流，没有自我。

3

其实除了我之外，身边还有很多像关雎尔这样的女生。

关雎尔们最大的问题是什么，我觉得有以下四点。

第一，关雎尔们无趣。因为她想做的事情从来不敢说出口，没有曲筱绡洒脱，也没有安迪的底气。

第二，关雎尔们天真，因此容易黑化。她们没有见过大风大浪，所以她们分不清什么是机遇，什么是诱惑。

我身边最后走上人生巅峰的是关雎尔，最后把一手好牌打得稀烂的也是关雎尔。

坑队友，当小三，拿回扣，要黑钱，她们从小生活在玻璃罩子里，没有理想，没有目标，最重要的是，没有见过世面，经不起诱惑，非常容易黑化。

第三，拥有讨好型人格，从来不知道自己想要什么。

“关雎尔，陪我去逛街。”“关雎尔，我失恋了，陪我出来喝酒。”“关雎尔，我家的猫生病了，你替我上班。”“关雎尔，借我五万块钱，我的房子要付首付，我很可能三年之内都还不上你。”……

关雎尔通通都说“好，没问题”。

她放下手中的工作替别人做工；周末不休息为别人加班；她辛辛苦苦攒的一点钱变成了别人的不动产，变成了别人的升值资本。

她是最会牺牲自己给别人作嫁衣裳的冤大头。

最后那个求她帮忙的人都财务自由，结婚生子，走上人生巅峰。

她得到的回报就是一张好人卡。

第四，关雎尔们顺从。说得好听是孝顺，说得不好听就是妈宝。虽然妈宝男可恶，但是妈宝女也没有好到哪儿去。

工作是父母介绍的，一般是企业事业单位或者是公务员，不会离家太远；相亲对象是父母介绍的，一般是知根知底，门当户对；就连未来规划都是父母制定的，反正她自己也规划不好。

她活成了父母想要的样子，但是，是不是自己想要的样子呢？

每天晚上躺在床上想想自己的人生，会不会有点儿遗憾呢？

4

但是我觉得，关雎尔是升值潜力最大的。

如果五美当中让我选，我还是会选当关雎尔。

关雎尔有学历、有脑子、有理解力，最重要的是，她有底线，有所为有所不为。

所以，她起点高、资质好、潜力大。

其实关雎尔们成长起来，比安迪更励志，比曲筱绡更讨喜，比樊胜美更轻松，比小蚯蚓更有存在感。

所以我从二十五岁之后，一直在和自己的关雎尔型人格做斗争。

首先，多培养自己的才能。

在主业之外，培养一到两个能够赚钱的爱好，把它变成自己的资本。

比如健身，比如手工，比如写作。

其次，分清楚什么是机遇，什么是诱惑。

女孩子在年轻的时候，二十岁到三十岁之间，每一步路都非常重要，说小点儿是少走弯路，说大点儿是我们一生的福报。

所以，一定做一个有底线的女孩，不是白莲花，不是道德婊，是真的为了将来好。

最后，放弃自己的讨好型人格，你谁也不欠，只欠你自己一个成功。

5

我想要祝福和我一样的关雎尔，你不必成为安迪，你也当不了曲筱绡。

生活眷顾你没有让你做樊胜美，一边美丽，一边无助。

它已经给了你很多。你最需要做的就是，做更好的关雎尔。善用天分，把握天分。

阶级和出身都不算什么。一旦关雎尔们野蛮生长起来，所向披靡。

互动社区：和正经婶儿聊聊天

1. 婚后当自强

Q：我自己想做个小生意，但是家人都很不支持，婆婆也反对。他们觉得我应该在家带孩子，照顾老公的生活起居，我应该怎么办？

A：从你的问题看得出来，你在家里真的没什么地位。当然，对于很多中国女人来讲，没有话语权是很普遍的现象。这体现在对你的工作决策中，以后有了孩子会体现在带孩子中，还会出现在和老公的关系对比中。趁自己还有决定自己命运的能力，又有自己的想法，还是应该自己去尝试一下，即使是失败，你也尝试了自己的想法。如果成功，你在家里的地位会完全不一样。

我一同学一个月挣十万块，她在家不管婆婆叫妈，称呼您就可以了。

但是这个绝对不值得提倡，挣得多更应该对老人好。但是马克思说得其实很对，经济基础决定上层建筑。你老公再爱你，你的婆婆再疼你，那都是有限度的。当有一天你们起了冲突，你会发现你没有地位，完全靠仰人鼻息生活，是很难过的。

如果你真想改变，你又是一个想凭自己改变的好姑娘，我很鼓励你，真的把这件事情付诸行动。这是改变你地位的第一步，也是为你赢得长久稳固地位的第一步。

好姑娘光芒万丈，祝你好运。

开店了把链接地址发给我，说不定可以支持你一下。

2. 要不要离开一份总是需要应酬的工作?

Q：老板老让我出去应酬，劝我喝酒，有时候还揩油。我不想喝，感觉很不好，可是我又不能表现得太刚正不阿，我还不想失去这份工作。请问我该怎么办?

A：任何时候都该记住，一个女人在人多的时候喝酒，都不是明智的选择。

因为女性本身保护自己的能力就比较弱，如果人保护自己的能力是一百分的话，那么女性保护自己的能力就是五十分，喝了酒又让这种能力减掉一半。

何况你又有这样一个看起来不太安全的领导。

遇到这种情况怎么办？最常用的方法就是，你说你在备孕。一般人是不会痛下杀手的吧。如果老用这一招，但是没怀孕，老板或者同事问，那你就说没怀上就好了。

如果你没结婚，那你就说你酒精过敏，喝不了。如果老板不信，那你就朝自己脸上多抹点腮红，让他信以为真。

其实在这种单位最好还是趁早走人。也许下一个单位还是要喝酒应酬，但起码老板不会这么奇葩。祝你好运。

3. 爱上有妇之夫，何以解忧？

Q：我爱上一个有妇之夫，我真的很爱他，我不是爱他的钱，我真的觉得他的人格很有魅力。我知道这样不对，可是我无法自拔。我应该怎么办？

A：有人说过，任何爱都值得尊重。爱上一个有妇之夫在法律上不成问题，有问题的是，你处理这段感情的方式。

爱就像是困在笼子里的野兽，你无法让它安静下来，但是你可以关好笼子的锁。

你可能无法控制住自己爱到哪一步，但是你可以控制的是自己走到哪一步。很多女人就是从和有妇之夫牵手到亲密，到未婚先孕，到和正宫打架，洒一地狗血，拿一手好牌，最后被自己打得稀烂。

其实原因就是那个笼子的门没有关好，把野兽放了出来，而自己却完全没有承受野兽嘶吼的能力。

人最重要的不是选择自己想要的生活，而是选择自己能够承受的生活。

姑娘你想一想，这辈子你有多大的能量可以承受这样的生活，如果你想明白，那一定可以做出一个选择。

4. 技术分析如何搞定婚内出轨

Q：老公出轨，他想离婚，可是我不想离婚，我应该怎么办？

A：反正你俩结婚了，你就去看看他妈，但是什么也别跟她说，你当作什么事情都没发生，经常对她嘘寒问暖。

在这场竞赛当中，你虽然不能等自己得分，但你可以等他失误啊。

什么意思？

当他们在热恋的时候，你九匹马都拉不回来。除了耐心等待，你什么都不用做。你就等他们吵架的时候，留一盏回家的灯等他。让他做出鲜明对比，小妖精终究是不长久的，狐狸尾巴总会露出来。

这叫内外夹击。你这些都是内，他妈那一关是外。关键时刻他要提离婚，他妈一定会给他致命一击，说：“你看你媳妇儿多好，你还折腾个啥？”这叫作婚姻厚黑学，内外兼修，断其后路。

第五章

我能想到最成功的人生，就是按照自己的意愿过一生

日子是自己过出来的，有些人就是给他水晶宫殿也能变成贫民窟，而有些人能把贫民窟变成自己想要的样子。

不能把眼前苟且过好的人，是永远到不了诗和远方的

日子是自己过出来的，有些人就是给他水晶宫殿也能变成贫民窟，而有些人能把贫民窟变成自己想要的样子。

1

去年的时候，知名的日本设计师青山周平，受到节目组邀请给北京胡同里面的一户人家——“胖大婶儿”家改造他们的老房子。

这个房子三十五平方米，住了五口人，被称为史上最小的学区房。

家里特别挤，卫生间有人洗澡，厨房就水漫金山，出去

上厕所，要跨过主卧的床才过得去……

北京二环里的四合院地段，寸土寸金，家里人忍这么久，就是为了孙女上好学校，所以才“忍辱负重”。

除了挤，家里还特别乱，所有的东西堆得满满当当，进去就没有下脚的地方。

设计师在中国工作了很多年，他充分了解中国的设计和日本的不同，中国设计更加要求实用性。

实用对于这个五口之家更是当务之急。改造之后，青山把小房子改造成了一个多功能的小复式，还有采光好的长廊和喝茶的长木桌，并且充分考虑了实用性，有很多隐藏的机关，拉开就是桌子或者案板，推进去就是柜子或者墙，干干净净，整整齐齐。

不过最近听网上爆料说，设计师精心设计的房子，现在变成了垃圾堆，节目组特意带着设计师前来回访。

首先，设计师发现，当时他绞尽脑汁想出来的，帮他们选出的那一块采光最好的地方，已经变成了晾衣间。一排内衣内裤和秋衣秋裤，十分傲娇地悬在那里，感觉就跟逗你玩儿似的。

平时“胖大婶儿”的家人就坐在这一排衣服底下吃饭喝茶，或者是让外孙女写作业。

茶室改成了爸爸的床铺，女儿和妈妈睡大床。

外孙女和妈妈睡，所以小房间变成了杂货间。

但是这家人也澄清了，厨房外面那些垃圾不是他们的，他们受到设计师的影响，买回来一个公家不要的柜子，把杂货都放在里面。

“最起码干净点儿。”大爷表示。

其实在任何时候，最该改变的从来都不是房子，而是人。

有时候人生是一个很神奇的过程，那就是，只要你想要把生活过得乱七八糟，别人是无论如何都没有办法帮你整理好的。

2

一个日本设计师，怎么就能把胡同趴趴房改得这么好?

青山周平来中国已经十一年了，2005年他从日本来到北京工作，一直没有买房，他就住在胡同里面，一住就是七年。

他的住处也是胡同出租房，房间也是他自己设计的。

学生时代他在大阪上大学，心目中有一个对于“理想家”的感觉，不是书本和教授教的，不是一个概念，而是温度。这个温度和“长久的拥有”无关，即便是“短暂的停留”，也是温暖的。

刚来北京当实习设计师的时候，他经常在胡同里面见着半裸的大爷出来买菜、遛狗或者接孙子回家吃饭，他觉得特别不可思议。

后来他也适应在胡同的生活了，和那个老太太家挺像，他的家不太大，四十平方米。

家里太小装不下那么多东西，所以他家的厨房和“胖大婶儿”家一样，很小。但是他把这个步行就可以抵达的菜市场，变成了自己冰箱的一部分，想吃的东西就到菜市场去买，买最新鲜地道的。

这个菜市场，成为他厨房的延伸，所以青山周平说：“对我来讲，这个菜市场就是我的冰箱。”

他的客厅很小，他把任何能够和街坊邻居交流的地方，都当作自己客厅的一部分。

他的厨房很小，所以经常下下馆子也不错。

在这样一个局促的空间里面，依靠自己的智慧和对于家的向往，依然可以过好属于自己的小日子。

厨房很小，卧室很小，没有书房，没有健身房，甚至连房子本身，也只有使用权，没有所有权。

但是仍然可以想办法，过得舒适而体面。

也许生活带给我们不同的困境和潦倒，但是态度和方式是自己的。

青山周平在胡同里住了七年，也正是他对于胡同的理解，才能让他改造出点赞无数的老胡同房，并且，通过节目让更多国人认识他。现在他已经在北京成立了工作室，接单子接到手软。

3

其实写这篇文章是有缘起的，昨天我在朋友圈看到了一篇豆瓣分享，一个二十六岁的年轻人，网名叫作“树”，改造自己出租房的文章。他是10月份写的，现在差不多一个多月了吧，已经有二十多页的留言了，很多漂泊在外的年轻人都很有感触。

他是成都一所大学的老师，学校给的教师周转房，三室一厅，他和其他两个人合住，卧室十八平方米。他一开始买了张中国风硬板床，还有一张路人甲电脑桌，扫扫地基本上就可以住了，这位直男最开始的房间，非常普通，非常出租房。

反正是学校的房子，买房也是遥遥无期，就这么住着吧。直到他在微博上看到一张好看的家居图，他心想：能有这样一个屋子多好！但是，他算计了一下自己的现状：不想问家里要钱，根据赚钱的速度，他在好几年之内都不能在成都买房。从小助教晋升到讲师起码需要三年，而优质的住房都是提供给优秀讲师的，他目前没有这个硬性条件。

所以怎么办，没有房子，没有事业，没有成就感，就无法拥有一间舒服的房间吗？

当然不会了。

他开始动手打造自己的小房间。因为资金有限，他在淘宝买了一张山寨无印良品的躺椅。

书桌也换了，一定要大，方便看书和做课件。

他一直喜欢八大山人的画，在淘宝买了四幅装饰墙壁；一直很喜欢《东邪西毒》的竹灯，也买回来了，放在床头，很温馨。

分期付款买了投影仪，一面白墙当屏幕，投影电影和连续剧，多年跟着他一起流离的书也找到家了。

粉饰过后的将就也是讲究。

日子是自己过出来的，有些人就是给他水晶宫殿也能变成贫民窟，而有些人能把贫民窟变成自己想要的样子。

人本过客无来处，处处无家处处家。不能把眼前苟且过好的人，永远到不了远方的诗和远方的。

沦为被挑选的女人，连呼吸都是痛

现在才深刻地感觉到努力的意义和多读书的好处，不是在于挣大钱，而是有选择工作的权利，而学历低，没有底气，就只能被工作生活选择，被男人像是对待菜市场的咸鱼一样，翻来覆去地挑选。

昨天和朋友聊天，她在三线城市的银行工作，单位最近要提拔一批年轻干部当科室主任。

她工作能力强，情商高，给银行拉了不少客户。

我说："你肯定行，领导那么喜欢你。"

她摇摇头说："不行，我看悬。说实话我能力可以，但是我学历太低了，第一学历就是个大专，虽然后来我花钱升了本科，但是还是差很多。他们现在提拔干部，去年还是招收211的本科生，今年的条件是只有研究生才可以。”

“所以我跟你说，”她叹了口气，“我现在特别后悔。现在我都不敢随便换工作，学历低，一般单位还真的不好进去。回去我就跟我妹说，一定要好好学习，像我，学历但凡高一点，就是我选择工作，而不会像现在这样，被工作选择。”

强大的女人选择生活，不强大的女人被生活选择。

想起前段时间刘嘉玲在《金星秀》接受采访，金星提到许晋亨，有人说，从和许晋亨分手那刻起，刘嘉玲就被豪门抛弃了。

刘嘉玲说：“不，是我选择了梁朝伟。”

金星又说到刘嘉玲、梁朝伟还有张曼玉之间的绯闻。

刘嘉玲说：“是梁朝伟要和我在一起的，我们在一起二十年了。”

所以不管你喜欢不喜欢刘嘉玲的长相，觉得她是丑是美，她对于选择的主动权让你服气、羡慕，现在的年轻女孩子都要好好思考，并且见贤思齐。

前段时间看了《摔跤吧！爸爸》，觉得这真是个励志的好电影。

其实它也是被删减过的，因为印度的电影分上下场。

其中最牛的一段话被剪掉了。

爸爸从小对女儿魔鬼式训练，妈妈说：“你再这样我们的女儿就嫁不出去了。”

街坊邻居说：“女孩子练摔跤干吗？搞得男不男女不女的，学学怎么做饭怎么伺候老公，打扮得漂漂亮亮等着嫁人不就行了。”

女儿也不理解爸爸，觉得被强势剥夺了她们的少女时代。

但是爸爸吐露了自己的心声。

他对女儿的爱实际上特深沉，他说：“我今天让女儿早起锻炼、学习，让她们从小就挑战男孩子，是为了让她们长大之后，在步入婚姻之前，那些男人没有资格来挑选我的女儿，是我的女儿来挑选他们。”

让她们以后步入社会，由她们去挑选工作，而不是被工作设置的各种门槛所挑选和排挤。

以前我刚刚大学毕业，也完全不明白努力的意义。

就是闷头读书工作，然后这一两年来开始写写东西。

现在看到了同龄人，有些还是在原地挣扎，因为错过了最佳努力的机会，因为以为可以一直悠闲下去。

现在才深刻地感觉到努力的意义和多读书的好处，不是在于挣大钱，而是有选择工作的权利，而学历低，没有底气，就只能被工作生活选择，被男人像是对待菜市场的咸鱼一样，翻来覆去地挑选。

最好的爱情就是：我靠谱，你随意

花言巧语是一时的机灵，空有一副好皮囊又有何用，脑子好不好使才是检测能否长久相处的唯一标准。

1

前几天和好友老张一同出门，和我们一起等公交车的是一对情侣，小两口本来挺高兴地聊天，说晚上要到九份去吃夜市、逛景点。

九份是离台北不算远的小镇，宫崎骏的电影在那儿取过景，《那些年，我们一起追的女孩》也在那里拍摄。坐火车要一个小时，包车过去更稳妥一点。

老张听见他们私聊，就很感兴趣。

老张："票买了吗？"

男生："还没。先到家乐福买点东西。"

我看了看表，下午两点多了。

老张："知道怎么走吗？"

男生："不知道，就是火车站吧？"

老张："哪个火车站？"台北的火车站不止一个。

男生："……"

老张："住宿订了吗？"

男生："没，去那儿再看吧。"

老张："现在是周末，万一都订满了呢？"

男生："……那就回来呗，反正也不远。"

老张："最晚一班车到几点？"

男生："……"

老张："看天气预报了吗？刮风、下雨、降温，还是大太阳？"

男生："没，应该没问题吧。"

老张："明天刮台风你知道吗？"

男生："……"

老张说："什么叫不靠谱？这种男生就叫不靠谱。"

2

钱锺书才高八斗，但是生活自理能力很差。

家里灯管坏了不会修，跟杨绛讲，太太杨绛说："没关系，我来修。”

钱锺书把墨水洒在医院的床单上，吓得不得了，觉得会赔很多钱。

杨绛说：“没关系，我来洗。”

钱锺书一脸崇拜：“这也能洗掉？”

杨绛说：“当然可以。”

有人说杨绛这样鞍前马后不值得，杨绛说：“我觉得很值得。他最宝贵的就是性格里面的孩子气，我保护了他这点。我功莫大焉。”

3

同样的，也祝每个姑娘都能找到她的靠谱先生。

我有个特女神的朋友，追求者甚众，但是从来刀枪不入。

那年，她叔叔要到北京来，她有个同学，颜值不高，有点小胖，就叫小胖吧。他们本来也不是很熟悉，小胖就问她让亲戚去哪里玩。女神就展示了一张纸，上面写着六个字：故宫，天安门，等……

小胖震惊：“没了？”

女神大眼睛特懵懂地看着小胖：“没了啊。我已经发给我叔叔了。”

小胖说：“他们什么时候来你知道吗？”

女神：“知道啊。”

小胖追问：“周几到周几你知道吗？”

女神道：“不知道，有时间我查查吧。”

又是个甩手掌柜。

小胖说：“周一闭馆，周六周日人多你要避开，他们第一天来，你得安排轻松的景点啊，第二、第三天，可以累一点，第四天休息，然后就回家……得，我给你叔叔写个攻略吧，省得麻烦。”

小胖直接写了四千字的游览指南。

早上八点起，到哪里吃饭，坐几号线，从哪个出口出，车票多少钱，逛几个小时，还要精确到哪个门口进，哪个门口出。如果不是那个门，就要再走回头路，要么就是没有饭吃……

住宿的话是团购，直接把团购券打印下来也列在表格上，以防手机没电，或者跟前台讲不清楚，也减少掏手机掏掉什么贵重物品的可能性。

亲戚对着行程走一圈，回来之后对攻略赞不绝口。

女神和小胖的故事有个迪士尼动画片般的结尾，对，女神解甲归田跟了小胖。

我就问女神喜欢小胖什么，她大笑：“和他在一起当脑残都可以！什么都不用担心，他都能规划得很好。”

好的感情就是这样吧，小胖用自己的理性，保护了太太的随性。那些打钱让你随便花的、找个LV店就随便买包的、花言巧语哄你开心的男生很多，但是如果遇到事情从来没办法，也会让人崩溃。担心你吃不上饭、睡不好觉、旅行不能尽兴、梦想不能达成，才是在用心爱你的人，而不是用钱来随便打点你欢心的人。

4

当年孟小冬在和京剧大师梅兰芳的感情当中受到了不少伤害，登报表示要和梅兰芳离婚。孟小冬当年就是当红一线女星，听说她重新恢复单身，富家公子、豪强后代、没落贵族、军政要员都想追她，最后孟小冬选了大自己好几十岁的杜月笙，而且令人大跌眼镜，因为她是杜月笙第五房姨太太。

为什么杜月笙让孟小冬追随到死？杜月笙靠谱啊。

是红角儿的时候捧她，在和梅兰芳离婚的时候还能调解，让两人和平分手，梅兰芳赔了孟小冬赡养费；安排晚宴，孟小冬和梅兰芳都要献唱，但是孟小冬就是拒绝见到梅兰芳，所以杜月笙也安排得妥帖，让两个人分开唱戏，互不相见，分别离场，非常符合孟小冬登台的要求，唱戏的时候干干净净，下台之后洒洒脱脱。

5

我知道现在的年轻人都在拒绝“靠谱”这个词。因为他们觉得“靠谱”就是朝九晚五，循规蹈矩，本分老实，就是把有意思的生活变得没意思，把诗酒田园的生活过成抠脚女汉子和柴米油盐。

可是对于我们这些在寻找稳定的、有深度的关系的普通人，靠谱就是一个重要的褒奖。

靠谱是一份翔实的旅游攻略，是等你回家的灯光，是找工作、生孩子、租房子记着装WiFi和缴水电费。其实靠谱的人都是脑子最好用的人，他们把生活中的黑天鹅事件降低到最低，让事情都朝着他们想要的方向发生。

和靠谱的人恋爱、结婚。

当一个人说爱你，等他对你百般呵护再说。

当一个人说要带你去哪里玩，等他为你订好机票再说。

当一个人说要娶你，等他准备好钻戒跪你面前再感动。

等他行动再感动。

花言巧语是一时的机灵，空有一副好皮囊又有何用，脑子好不好使才是检测能否长久相处的唯一标准。

饥肠辘辘的明月夜，我的意中人是盖世英雄，该是驾着七彩祥云，带着一碗麻辣烫来找我，而不是跟我说："你饿了是吗？我也饿了……"

脑子不灵光，遇到问题根本就不知道怎么办，这样的人留他何用？

人生的路途道阻且长，不能同舟共济也就算了，触礁搁浅找谁说理去？

感情中最美好的不就应该是，Mr.靠谱地对意中人说："以后的日子，我靠谱，你随意。"

和情绪稳定的人恋爱，同温厚的人结婚

真正好的感情，是和情绪稳定的人在一起。不会因为你没有秒回而暴怒，不会因为你说话伤害到感情而抓狂，你们可以分开八小时、八天、八个月，也不会怀疑彼此的真心和忠诚。不担心，不占有，不怀疑，不恐惧。

1

最近我一位朋友好像遇到了点麻烦。

她现在大学二年级，有个相恋四年的男友。

她觉得这个男友情绪不稳定，高兴的时候怎么都行，不高兴的时候一言不发，还对她言语暴力，出去实习受了委屈，回来就看她各种不顺眼，拿她撒气。

姑娘觉得爱得累，就说不然分开吧。

男生说："你要是跟我分手，我就把你早恋的事告诉你爸妈，给你爸妈发我俩的合照，还有聊天记录。"

姑娘又跟他相处了一段时间，觉得真是受不了，虽然她挺怕父母知道的，她从小是个乖小孩，父母又很严厉，就又提分手。

男生又哭又闹，威胁她说："你不许跟我分手，分手我就死给你看！"

可能过来人觉得这些都是小事。

但是对于感情经历不太丰富又非常软弱的年轻姑娘来说，真的是天大的难题。

她说，我该怎么办？

我说，其实你心里已经有答案了，不是吗？和情绪不稳定的人恋爱，对于双方来说都是一种摧残啊。

一个情绪不稳定的人，自己心里不爽就对最爱的人发泄，是不能指望跟他走得太远的。

因为你根本就不知道，未来还有多少欲加之罪，何患无辞。

2

情绪不稳定的爱人，离得越远越好。

除了上述泼妇样胡搅蛮缠的男孩子，我还见过另外一个真实的例子。

那时候我也是上大学，班里有个女生特别可爱漂亮。

成都女孩，面如满月，身材丰腴，一对梨窝，眉目含情，生得一副好嗓子，尤其是会唱民歌，《青藏高原》那种高音随随便便就飙上去了，不费吹灰之力，所以她在刚刚入学、军训的时候，就是十里八乡的宅男女神。

有个同样也是四川的男孩子，追她特别用心，送花送早餐，也非常舍得花钱，抱得美人归。

在一起之后她本来是应该开心的，但是她经常跑到我们宿舍来吐槽她的男友。

因为姑娘喜欢动漫就报了日语学习班，她完全不能自己去上学，那个男生送她上学，在外面等她，然后她下课后，直接接走，不给她任何跟别人接触的机会。

如果两个人分开各自回宿舍，他会经常打电话过来检查工作；如果她去洗脸或者洗澡没接电话，那就惨了，绝对一顿盘查。

总之感觉他不像是在恋爱，像是抱着宝珠在大街上招摇过市的人，他所谓的光鲜，把自己累得要命。

这样谈恋爱，爱情的巨轮当然说沉就沉。

据姑娘描述，那一刻的感觉就像是刑满释放，必须向天高喊三声："老娘单身，单身真好。"

3

我特别喜欢的一种感情，是刚刚过世的百岁老人周有光和他的太太张允和的感情。

两个人二十出头就结婚了，在那个新青年辈出的时代，他们结婚算早的，相守七十年，几乎没有吵过架，也很少拌嘴。

周有光是学经济的，喜欢听西洋音乐。张允和是大家出身的古典小姐，喜欢听昆曲和中国音乐。他们约会的时候，互相迁就，周有光陪张允和听民乐，张允和陪周有光听西洋音乐。

后来周有光被打倒，安排到干校做苦力。

他也不知道自己什么时候能回北京，不知道哪里才是明天。

张允和就说没关系，我会一直等你，等到你回来那天。

周有光眼睛不好，张允和就在北京买眼药邮寄给他，而且每次都会在小木盒里面，偷偷放上两颗巧克力糖。

真正好的感情，是和情绪稳定的人在一起。

不会因为你没有秒回而暴怒，不会因为你说话伤害到感情而抓狂，你们可以分开八小时、八天、八个月，也不会怀疑彼此的真心和忠诚。

不担心，不占有，不怀疑，不恐惧。

4

和情绪稳定的人恋爱，和温厚的人结婚。

情绪不稳定的人不是不能交往，只是成本太高。

每天担惊受怕，像是坐过山车。

日常生活已经非常艰难了，那些无休止的琐事每一件都在消耗彼此的热情和专一。

只有温柔和宽厚的爱人，才能够有勇气拥抱这一切。

只有情绪成熟的人才能够好好去爱别人。实事求是地说，不管在家还是出门在外，情绪稳定的遇到事情能够好好说话，不仅让周围的人感到舒服，还能避免很多不必要的麻烦和冲突。

年纪越大越欣赏这样的人，他们不会因为小事而置气，不会因为大事而暴怒。

他们有自己的小爱好，比如养花和遛宠物，他们是人群当中不闪耀的人。

却也是最不喜欢对爱人的生活指手画脚，只是给予适度尊重的人。

这样的男人和女人可能不是最完美、最善良的，但是他们是让我们感到最安全的。

因为你知道，你的这位宽厚的情绪稳定的爱人，在最坏的可能下，也不会伤害到你。

美好的小确幸的生活，和情绪稳定的人才是良配啊。

永葆上进心的女人比较不容易朽坏

如果你相信我们的一生只有一辈子，我们不愿意指望来生，那么这辈子拥有上进心，保持上进心，从结果上来看，是件划算的事情。

1

我没有上进心有错吗？

这是《奇葩说》最新一期的辩题。

假期看了一点这集的片头，因为有事情要出门，剩下的就没顾上看。

今天是节后第一天，娓娓道来一下吧，就想要和大家说说我的想法。

走在路上我就在想这个题目，我没有上进心有错吗？

我想是没错的吧，很多事情都没有对错之分，也就是清蒸小龙虾和麻辣小龙虾的区别，就借着这个话题，谈谈我们需要不需要上进心好了。

2

最近我有个朋友，他有一本创业的书要出版，我提前看到了那本马上要上市的书。

我读了序言之后突然就觉得特别感动，他在里面写自己本来是一个普通的上班族，但是心里一直有个创业的梦想，不是为了赚大钱，就是觉得这个社会上有些事情做得不够好，他看不惯，想要拼一下、改变一下。

他放弃了月薪三万的工作，果断投入到创业的时代浪潮之中，经历了赔钱、失败、压抑、抑郁症。

从怀疑自己到怀疑人生，一年多的时间，现在他的项目算是小小地运转起来了。

我就问他说："如果你创业失败了，你会怎么办？"

他说："我会继续创业。"

"可是创业很辛苦。"

"对，"他笑笑说，"我已经把创业变成了一种生活方式，我想我回不去了。"

《奇葩说》里如晶宝贝说了一段话，把很多人都说哭了："上进心的尽头在哪里？"

我同意，我也理解，可是我觉得，把生活说得太苦了，把有上进心的人也说得太惨了。

可是我倒是觉得，把创业内化成一种生活方式，这样的比喻特别好。

好像是世人都觉得是一件特苦的事情，一下子就不苦了，就喜乐了。

好像是第一口喝到的豆汁儿，刚开始真是嫌弃，后来也竟然觉得可爱了。

3

如果你相信我们的一生只有一辈子，我们不愿意指望来生，那么这辈子拥有上进心，保持上进心，从结果上来看，是件划算的事情。

因为根据我的小小观察，那些真正活得有精气神的女人，就像那位创业的同学一样，把有上进心这种状态，变成了自己的一种生活方式。

第一，她们有更多选择的权利。

举个我身边的例子吧，我有个同学，她是北京一个非常普通的二本毕业的，她的专业是日语。

但是她上学的时候就特别努力，还修了一门法律，毕业之后先是进了贸易公司给人做翻译，因为翻译精准，入行之后工资就涨得很快，工作了三年跳槽，薪水和职位都水涨船高。

第二，上进的生活状态，是最好的保养品。

其实我好像不止一次地说过，在一年半之前、在连续写作之前、连续每天基本上保证两千字的输出之前，我也是一个很懒惰、很没有上进心的人。

我是那种宁愿躺在沙发里吃薯片喝雪碧，也不愿意坐直身子，从事任何有益于社会和个人成长的事情的人，比如说健身、郊游，哪怕是看看书也好。

我一直觉得老天对我挺好，随便看看书就能考第一，就算是出去找工作也都是我去挑工作，没见过工作挑我的，我觉得我以后会过得不错。

但是还好我迷途知返，开始写东西、反省，以写作为符号做一件长情的事情，我发现我跟以前不太一样了，从那个没有好奇心、没有驱动力的人，变成了一个有好奇心、有好胜心，然后有忍耐力的人。

不知道是不是及时地从堕落的生活方式中悬崖勒马，最近这一两年和老友见面，经常被夸精神状态好，脸色好看，不像原来气血两虚的感觉。

第三，当有人替你负重前行，你没有上进心，就是错的。

我想对于像蜉蝣一样生活的大多数人说，没有上进心就是错的。

想住新房子，想要好看的包包，想去更多的地方旅行，你不努力，就要有人为你背负这一切。

而这些更多的承担就是你的父母。

我还真的见过这样一个女孩子，特别漂亮，我们曾经是合租室友，她是舞蹈学院的学生，一米七几的个头，站在那里美得就像一幅画。

她是我见过最有（伪）上进心的，一心想要嫁入豪门，衣服和包包都是奢侈品，彩妆也全是当季新品，但是其实父母都是上班族，妈妈为了省钱，来看她的时候住在北京的地下室，一晚上只要四十块钱。

4

永葆上进心的女人比较不容易朽坏。

时刻保持危机感也是一件痛并快乐的事情。

我想有句话说得对，就是我也是永远无法心安理得让自己变得清闲的人，因为那样的生活跟枯朽没有什么区别。

等我老了，我就是去跳广场舞或者在路口挥小旗指挥交通，都不能让自己消停。

从二十岁到三十岁这十年对于每个人都很重要

在所有的好书中写得明明白白的东西，在人步入卑贱的时候就永远看不懂，永远被误解了，真是可惜。

1

我和朋友要到河北的一个小县城办事，山迢路远，为了挣回来点油钱，我们开了滴滴的顺风车模式，路上顺了一个人。

乘客定位地点是首都机场，我打电话过去确认方位，是一个中年男子接的。

他说他用自己的手机给自己的女儿叫车，女儿已经落地了，马上就能出来，让我们稍等一下。

我们说在停车场等，爸爸说好，他会告诉女儿我们的具体方位，并且再三确认我们的车牌号和安全性。

等了十几分钟，有个背着双肩包的小女生上车了。

她上车之后先跟爸爸报平安，然后我们就随便聊聊天。

她现在大学二年级，我想起来我还在大二的时候，就问她说：“现在还有思修那门课吗？”

她笑着说：“有啊，但是我不怎么去，其实我也不怎么去上课啦，大一的时候还好好上课，但是我上学的城市，没什么气氛，一般一觉起来就中午了，下午的课能赶上就去，不能赶上就不去了。”

“老师不点名吗？”我问。

“点啊，让同学代答到就行，老师也不太认识，我们班人太多了。”

“那不上课在宿舍干吗，睡觉？”

“睡觉，睡觉醒了刷会儿知乎，然后叫个外卖，或者，打游戏吧，哎呀，打游戏真的，特别耗时间，还浪费钱……”

姑娘非常有礼貌，下车之后还跟我说谢谢，戴上耳机蹦跳着走了。

如果不是因为我们恰好顺路，她爸爸会叫一辆出租车到机场接她，来回需要三百多块钱。

年轻真好，可是白白浪费了，真是可惜。

2

因为兼职做自媒体，所以我平时认识一些做自媒体的年轻人。

有个女孩子，现在大学三年级，就叫她小鱼姑娘吧。

和我遇到的这个女孩子差不多，小鱼姑娘也是在一所标准意义上并不是特别好的大学上学。

她是播音主持专业的，刚开始上大学的时候，经常被老师和同学嘲笑她的普通话带有广东口音。

因为班里的同学都是年轻貌美、颜值与气质俱佳的女孩子，她不是长相最扎眼的，不是身材最高挑的，不是家里最有钱的，也不是最最字正腔圆的。

各方面的平庸使她显得微不足道。经常有同学开玩笑似的让她表演普通话如何不标准，比如说故意让她念“上船”，因为知道她一定会念成“上床”……

那些长得好看的人儿就笑成一团，笑成那样，五官还是好看的，让人不忍责备。

同样都是早上起来练习发声，她比别人早起床一个小时，晚上还要再练一会儿。

后来她大二的时候慢慢摸索着开了一个公众号，每天晚上九点整发布一条音频，一年之内积攒了五十万粉丝。

我自己也写公众号我知道，五十万粉丝不是好积累的。

首先要勤奋，能够做到每天更新。

其次还要有好内容，这样才能够获得持续关注。

除了公众号之外，她的喜马拉雅电台也有好几百万听众，广告商不断地找上来，一年时间，她收入有将近一百万。

她从默默无闻的大学生到自媒体大号，只用了一年时间。

3

我说了前面的两位姑娘的故事，不是说让大家去复制她们的成功或者是失败。

而是说，从二十岁到三十岁这十年对于每个人来说都非常重要。

对于这个时间段的女生来说，多睡一会儿，多看一集美剧，也就是片刻欢愉，可是从长远来看，这些不重要，甚至，一点点都不重要。

我问小鱼姑娘："你年纪轻轻有这么大的成绩，你最大的感触是什么？"

她说："第一，二十岁的女生努力一个小时，相当于三十岁的姑娘努力一千个小时。"

二十岁到三十岁的这段时间，是投入产出回报最高的一段时间。

这段时间里面，种瓜得瓜，种豆得豆，甚至得到更多。

就像是小鱼姑娘一样，她只不过是天生有股不服输的劲头，比同龄人努力了那么一点点，就获得了超额的回报。

而这样好的时光，这样的黄金时代，过去了，就不会再回来。

你的人生只有一次二十多岁，拥有了，就要好好珍惜。

第二，二十岁到三十岁之间，是人生唯一的大段属于自己的时间。

三十岁之后，你的时间不是自己的，是工作的、家庭的、孩子的、父母的。

有焦头烂额的工作，有需要人安慰的老公，有让人操心的孩子，还有正在老去需要人关照的父母。

属于你的时间，都是碎片化的。

再也没有这样大块大块的闲暇时间，让你学习、成长、挥霍、试错。

虚无度过了，真是可惜。

4

我觉得年轻时候的努力是非常重要的。

我有段时间不想看那种歇斯底里的鸡汤了，觉得算了，真的不想再努力了。

可是看了一下自己，这个世界上好东西太多，我还没有尝试过、得到过，还是要继续努力啊！

最近看书特别喜欢这样一句话：有很多人在从少年踏入成人的时候差了一步，于是生活中美好的一面就和他们永别了，真是可惜。

在所有的好书中写得明明白白的东西，在人步入卑贱的时候就永远看不懂，永远被误解了，真是可惜。

在人世间有一种庸俗势力的大合唱，谁一旦对它屈服，就永远沉沦了，真是可惜。

有无数为人师表的先生们在按照他们自己的模样塑造别人，真是可惜。

真是可惜。

你的同学都成为百万富姐了，你还在纠结逃哪节课、叫哪家外卖、怎样跟父母编个谎话说今天好好学习了。

聪明的女孩子从来不做这些事。

她们的二十多岁只有一次，并且，只为自己而活。

互动社区：和正经婶儿聊聊天

1. 我被离婚了！

Q：我今年三十五岁了，我老公劈腿，我刚刚被离婚，他跟小三跑了，我很痛苦，每天都借酒浇愁，我觉得自己快抑郁了，我应该怎么办？

A：历史上有个人的命运跟你一样，她的老公跟小三跑了，丢下了她和孩子。她怀孕的时候告诉自己的老公，老公让她去打胎。她觉得很害怕，说打胎会死人的。她老公特别冷血地说："坐火车也有死人的，难道你就不坐火车了？"

这位又毒舌又无情的前夫哥，抛弃了她和交际达人陆小曼小姐在一起，过的生活如神仙眷侣人人称羡。他们俩不但双双离婚，和对方在一起，而且他们恩爱的一举一动，都会抢占报章头条。

这位男士叫徐志摩。

但这位女士不仅对自己的婆婆特别好，而且离婚之后转而去做生意，生意做得特别大，很有钱。

陆小曼的前半生绚烂多彩，徐志摩不幸遭遇飞机失事，她后半生也像是丢了魂，晚年染上鸦片，卧病在床，抽鸦片抽得所有的牙都脱落，留十几岁就去世了。

而这位当时被抛弃的女士叫张幼仪，她后来和一位医生结婚，一直活到八十多岁。

这就是人生，人生如戏。我不希望你的前夫如此悲惨，但是谁知道呢？历史总是惊人地相似。

祝他们好运吧。

2. 撩男神的正确姿势

Q：我喜欢一个男生，他刚刚恢复单身，是我喜欢的类型，皮肤有点黑，笑起来很阳光，是我喜欢的类型。我觉得我现在有点备胎的感觉，我给他发短信他很久才回，有事的时候他才会找我……就算我是备胎，我能转正吗？

A：只有不努力的备胎，没有不能替换的轮子。

作为一个备胎，最重要的是安静守护？错！

最重要的是适时拿出女性魅力，向这个人展示。偶尔主动一下很重要，比如你们一起看恐怖电影，你吓得拽他一下，就那么一下，再也没有了。如果他喜欢你，你一定会再来找你，时间在一个星期之内，就能看分晓。

给男人一些亲密的小暗示，他一定会怦然心动。这和你本身好不好，没有特别大的关系，因为这让他觉得自己很有魅力。

祝好运。

后序

翻开这本书的你，什么时候觉得自己该努力了？

是快要毕业别人都拿到好的Offer的时候？还是有一个留学的机会放在你的面前，你却连英语成绩都没有的时候？

那又是什么时候，觉得要学习一些新的知识了？

其实也简单。李敖说，如果你的小圈子里大家对于所有问题都能够形成共识的时候，就证明你的朋友圈该换换水了。

从前的时候，大家都敬重有知识有阅历的女人，但是现在，大家都在比谁更年轻，比谁更漂亮。二十多岁的女孩，确实是有漂亮的皮囊，但是再漂亮的皮囊，前面难免加一个“更”字。

父母的财富、天降的机遇，看起来美好，但就像是泡沫，一戳就破。

聪明的人知道什么才是真正的保值增值，那些从二十岁开始就把自己当作潜力股来投资的人，基本上都不会过得太差。

文青鼻祖张爱玲奶奶说，出名要趁早，不然，来得迟了，总觉得不会那么痛快。

我说的不过标配的人生，不是说让大家都去走一条最难的路。

而是说，如果我们失恋失婚，如果我们去创业去创作，那也许我们就是这个世界上的少数人了。

你别怕，也别担心，书里面写的这么多人这么多事都陪着你，给你信心和勇气。

经济学上有个词叫作风险成本，也就是说，看起来你选了一条不安全的高风险的路，却是最有可能获得高收益的路。

人生最可怕的不是失败，而是从未尝试过；最遗憾的不是被生活本身打败，而是明明碌碌无为，还安慰自己平凡可贵。

你 不 要 急 于 过“ 标 配 ” 的 人 生